辽河保护区生物完整性评价与生态功能分区

曲波　　王迪　　主编

中国农业大学出版社
·北京·

内 容 简 介

本书选取辽河干流重要区域进行定位监测,明确了该地区植被群落演替驱动因子,建立了生物完整性评价体系,进行生态功能分区,对不同小区类型提出了不同的管控措施,以及因地制宜分区、分级、分时段管理的建议。本书实用性较强,可作为辽河保护区及相关地区管理人员及从事生态学、环境科学、水利学等相关专业的工程技术人员参考书。

图书在版编目(CIP)数据

辽河保护区生物完整性评价与生态功能分区 / 曲波,王迪主编 . —北京:中国农业大学出版社,2018.6

ISBN 978-7-5655-2005-1

Ⅰ.①辽… Ⅱ.①曲…②王… Ⅲ.①辽河流域–流域环境–生态环境–环境功能区划 Ⅳ.①X321.2

中国版本图书馆CIP数据核字(2018)第067458号

书　　名	辽河保护区生物完整性评价与生态功能分区
作　　者	曲 波 王 迪 主 编

策划编辑	孙 勇	**责任编辑**	孙 勇
封面设计	郑 川		
出版发行	中国农业大学出版社		
社　　址	北京市海淀区圆明园西路 2 号	**邮政编码**	100193
电　　话	发行部 010–62818525,8625	**读者服务部**	010–62732336
	编辑部 010–62732617,2618	**出　版　部**	010–62733440
网　　址	http:∥www.caupress.cn	**E-mail**	cbsszs@cau.edu.cn
经　　销	新华书店		
印　　刷	涿州市星河印刷有限公司		
版　　次	2018 年 6 月第 1 版　2018 年 6 月第 1 次印刷		
规　　格	880×1 230　32 开本　3.5 印张　90 千字　彩插 12		
定　　价	48.00 元		

图书如有质量问题本社发行部负责调换

前　言

  河流是城市生存与发展不可缺少的元素,是世上万物生存与繁衍的基础。河流生态系统承载着淡水供给、调节局部气候、为多数生物提供栖息地的作用,是陆地与海洋连接的纽带。随着城市化进程的加快,河流生态系统资源也遭到一定的消耗,甚至是不可恢复的破坏。近年来,环境破坏带来的后果频频出现,如洪水、雾霾、山体滑坡等,河流治理相关问题也日益得到各国重视。河流生态系统中生物与环境是一个整体,相互制约、互相影响,在一定空间与时间内处于稳定的动态平衡。通过生物完整性评价结果可以反映河流生物与环境之间的联系。

  本研究以辽河保护区为研究区域,选取辽河保护区重要区域进行定位监测。利用 Arcgis 10.2 软件对卫星影片进行人工解译,获取演替前后植被分布图,明确了该地区植被群落演替驱动因子为自然与社会两个方面,自然因素为水分与热量,社会因素为河岸带过度开垦与过度填埋湿地。建立生物完整性评价体系,利用综合指数法对各指标数据进行评价,对辽河保护区生物完整性进行评价。辽河保护区生物完整性评价结果总体上表现为"良"及以上,福德店、通江口、蔡牛评价为"优",三河下拉、哈大高铁、双安桥、汛河、石佛寺、马虎山大桥、满都户、红庙子、曙光大桥评价为"良",巨流河、毓宝台、达牛、大张评价为"一般",盘山闸评价为"差"。以辽河保护区三级分区为基础,将辽河保护区生物完整性指标数据进行聚类分析,结合各监测点交通、经济、保护物种分布情况,初步将辽河保护区分为4个功能小区类型,分别为一般控制区、生态旅游开放区、湿地生态功能区和生物多样性保育区,包括19个生态功能小区,并对不同小区类型提出不同的管控措施,做到因地制宜分区、分级、分时段管理。本书实用性较强,可作为辽河保护区及相关地区管理人员及从事生态学、环境科学、水利学等相关专业的工程技术人员的参考书。

感谢"十二五"水体污染控制与治理重大专项——辽河保护区水生态建设综合示范项目(2012ZX07202-004)的支持。

作者

2018.4

目　　录

第1章 辽河保护区
植被群落演替

群落的演替是指某一地段上一些优势物种或群落取代原有物种和群落的过程,该过程一直持续到另一个稳定的群落出现为止,这种依次取代的过程叫做演替。

植被群落演替理论提出较早,最早可追溯到19世纪初期。1806年,John Adlum第一次提出了"演替"的概念(郭帅等,2011);1916年,自Cowles等了解群落演替理论以来,演替研究逐渐成为生态学研究的热点之一(Clements,1916;潘百明等,2010);20世纪中期,Odum在Clements提出的关于演替的观点的基础之上,提出了生态演替的概念(Odum,1969,1982)。国内方面,20世纪80年代以来,我国学者逐步展开对植被群落演替的研究,其中,群落的数量生态学研究更是主要研究方向之一(牛晓楠等,2014)。21世纪初期,李庆康与马克平提出,演替早期与演替后期植被生长的环境存在差异,演替早期的生境相对开放,具有较充足的光照,各环境因子还不太稳定,多数富于变化;而演替后期的生境由于植被的缓冲作用,一般较为封闭和稳定,各环境因子的空间异质性较强(李庆康和马克平,2002)。

1.1 研究区域概况

辽河是我国东北地区南部最大的河流,是中国七大河流之一。辽河起源于我国河北省平泉县七老图山脉的光头山,沿途流经内蒙古自治区和吉林省,最终在辽宁省盘锦市盘山县后注入渤海。东部是辽东及吉东山地,西部为大兴安岭的南端,南部为七老图山、医巫闾山和努鲁儿虎山等组成的中、低山丘陵地带,中部是辽河平原。流域面积为 $21.96 \times 10^4 \ km^2$,流域内山地面积 785 km^2,占流域面积的 35.7%,丘陵面积 $5.15 \times 10^4 \ km^2$,占 23.5%,平原低洼地面积 $7.58 \times 10^4 \ km^2$,占 34.5%,沙丘面积 $1.38 \times 10^4 \ km^2$,占 6.3%。

1.1.1 地理位置

辽河干流始于东西辽河交汇处的铁岭福德店,之后进入辽宁省境内,流经铁岭、沈阳、鞍山和盘锦四市,16 个县,68 个乡(李忠国,2013),全长约 538 km,地理位置为东经 123° 55′ ~ 121° 41′,北纬 43° 02′ ~ 40° 47′,总面积达到 1869.2 km^2(李翔等,2013)。

辽宁省人民政府为恢复辽河生态环境,实现辽河生态化及河流景观化,于 2010 年 5 月成立辽河保护区管理局,以辽河干流背水面坡脚之外 20 m 为界划定辽河保护区范围,对辽河干流流域进行一站式管理。辽河保护区的建立对由河流生态系统资源的过度开发引起的鱼虾等水生生物丰度与多样性不断减少、水土流失、甚至河水断流等问题起到了缓解与修复作用。

1.1.2　气候特征

辽河保护区属于温带大陆性季风气候,且温差较大,四季分明。春季气候多为多风少雨的干季,主要受季风影响;夏季来自印度洋的西南风带来较大水汽,降水集中,形成炎热多雨、雨热同期的气候特点;秋季气温下降,雨量减少,日照充足;冬季寒冷漫长。

1.1.3　地貌地形

研究区域的海拔高程范围为 0～849 m,海拔高程由东北向西南逐渐降低。地貌类型以平原为主,平原面积为 21873.5 km^2,占总面积 87.7%,山区和丘陵区域面积总计为 3080.3 km^2,占 12.3%。按照行政区划统计,铁岭市和沈阳市北部地貌类型以山区、丘陵为主,沈阳市南部、鞍山市和盘锦市的地貌类型以平原为主。

1.1.4　河流水系

辽河干流沿岸水网密布,支流繁多(图 1-1,彩图 1-1)。其中位于干流左岸的一级支流包括:招苏台河、汎河、亮子河等;位于右岸的一级支流包括:王河、秀水河、柳河等。流域面积大于 5000 km^2 以上的支流有绕阳河和柳河。

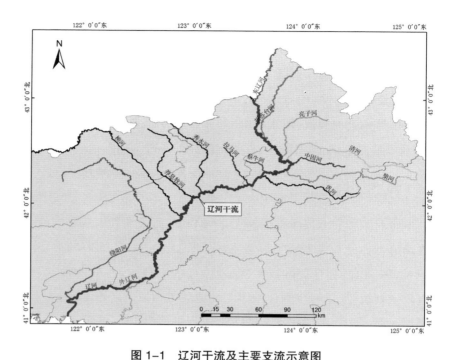

图 1-1　辽河干流及主要支流示意图

Fig.1-1　Schematic diagram of Liaohe river and tributaries

1.2　研究方法

　　本研究采用野外样方取样的方法,对辽河保护区不同的演替阶段的植被群落类型进行了调查取样。为了能够反映辽河保护区植被群落不同演替阶段的种群构成状态,实验根据"样方法"以及"走访调查法"原理对辽河保护区天然植物群落进行了取样,其中乔木层样方大小为(10 m×10 m) ~ (40 m×50 m),灌木层为(4 m×4 m) ~ (10 m×10 m),草本层为(1 m×1 m) ~ (3 m×3.3 m)。样方数目为乔木 2 个,灌木 3 个,以及草本 5 个,分别进行统计。

样方中记录数据包括监测点(表 1-1)行政位置、地理坐标、调查时间、植物名称、株高、株数、盖度等。

表 1-1 辽河保护区定位监测位点及代号

Table1-1 The monitoring sites and code in Liaohe conservation area

代号	监测点(Jc)	代号	监测点(Jc)
Jc-01	福德店	Jc-10	巨流河
Jc-02	三河下拉	Jc-11	毓宝台
Jc-03	通江口	Jc-12	满都户
Jc-03-1	五棵树	Jc-12-1	本辽辽
Jc-04	哈大高铁	Jc-13	红庙子
Jc-04-1	平顶堡	Jc-14	达牛
Jc-05	双安桥	Jc-15	大张
Jc-06	蔡牛	Jc-16	盘山闸
Jc-07	汛河	Jc-17	曙光大桥
Jc-08	石佛寺	Jc-18	酒壶咀
Jc-09	马虎山大桥		

1.3 研究结果与分析

1.3.1 植被类型解译结果分析

本研究通过对围封前与围封后卫星图进行人工解译,将土地利用类型划分为河流、乔木、灌木、人工林、草本、水塘、芦苇与农田等。由历史图可知辽河干流两岸主要以人工林、灌丛和草甸为主,种群单一多样性差,下游区域除了河口地区外植被覆盖十分稀少(图1-2,彩图1-2)。

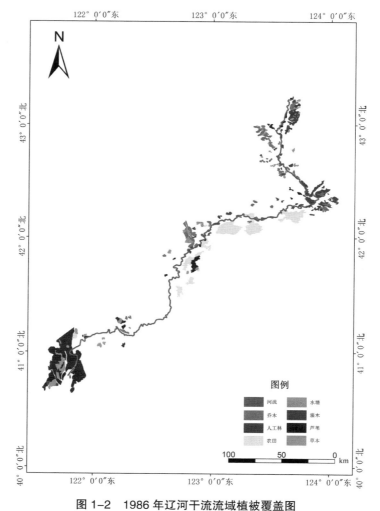

图1-2   1986年辽河干流流域植被覆盖图

Fig.1-2   The vegetation coverage figure in Liaohe main basin in 1986

2010 年辽宁省人民政府对辽河干流进行全面围封管理,以辽河干流大堤背水面坡脚之外 20 m 为界划定并成立辽河保护区。本文通过 Arcgis 10.2 软件对卫星影片进行校正,通过人工解译对其进行可视化,得出辽河保护区成立后的植被分布图(图 1-3,彩图 1-3)。

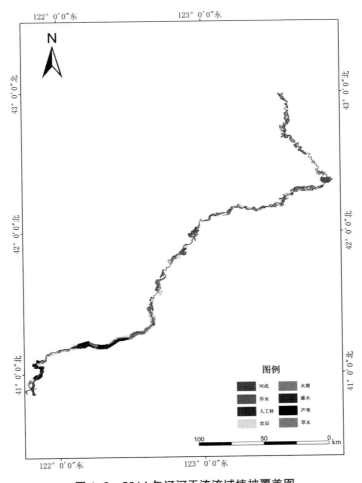

图 1-3　2014 年辽河干流流域植被覆盖图

Fig.1-3　The vegetation coverage figure in Liaohe main basin in 2014

辽河保护区成立以来,人为干扰减少,保护区内植被恢复自然生长,多年生草本群落形成一定规模并占主体地位。

1.3.2　演替驱动力分析

社会因素和自然因素的共同作用已使辽河保护区生态系统组成成分、能量流动以及服务功能发生了巨大的变化,物种多样性减少、生物完整性降低、景观格局趋于单一化(任勃,2012)。

1.3.2.1　社会因素分析

1. 国家发展计划

1986年,我国处在"七五计划"阶段,是我国经济发展的重要转折点。农业作为国民经济基础,提高农产品和畜牧业产量是重中之重,所以对土地利用需求增加。另外,国家提出增加智力开发支出,加大教育、科学、文化、卫生和体育事业经费投入,并实行九年义务教育。本年度社会总产值达到18774亿元,比上年增长9.1%。

2000年,我国处在"九五计划"阶段,国家提出发展房地产、旅游、金融、贸易等第三产业。辽宁省作为重要的老工业基地,建国以来为国家建设和国防事业做出了较大贡献,沈阳、大连等市第三产业比重达到45%以上,本年度国内生产总值达到89404亿元,比上年增长8.0%。

2015年,我国处在"十二五规划"阶段,本时期国家号召大力发展环境、解决环境问题,并提出建设资源节约型、环境友好型社会,优化格局、促进区域协调发展和城镇化健康发展,国内生产总值预测将达到688288亿元,比上年增长7.2%。

2. 辽河保护区植被恢复计划

1992—1999年,辽河中下游地区土地利用产生巨大变化,辽河干流河道内,除河槽外,大部分河滩地被开垦种植农作物,主要以玉米地为主。辽河两岸河滩地面积减少、植被覆盖率降低、防洪堤坝安全不达标等现象尤为严重,为辽河带来了前所未有的安全隐患。

辽宁省人民政府为恢复辽河生态环境、实现辽河生态化与河道景观化,于 2010 年 5 月建立辽河保护区,对沿河全线开展封闭式保护工作,实行禁牧、禁渔、禁采、禁伐等管控措施,以实现辽河干流流域的一站式管理。由于河流生态系统的物理特征往往是人为干扰最为直接的一个方面,因此将物理特征指标作为社会因素干扰的主要表现。物理特征指标的选取结合了实地调查结果与文献检索结果,另外结合数据的可获取性从长期监测的 21 个点中选取部分为水文站的点位,以保证数据的可得性与准确性。对这些指标数据进行主成分分析,总结社会驱动因子主要来源,结果如表 1-2 所示。

(1)主成分分析 利用 SPSS 19.0 对物理指标进行主成分分析(表 1-3),以提取主成分个数累计方差超过 75% 原则,提取 3 个主成分。根据最大方差旋转法,保留旋转因子载荷值大于 0.6 的指标作为下一步驱动因子的确定。

以上指标可分为 3 个主成分,第一个主成分包括河流生态需水保证率、水土流失率、防洪安全指数和河流蜿蜒率;第二个主成分包括水景观舒适度、纵向连通性、横向连通性和流速适宜指数;第三个主成分包括河岸稳固性、河岸浅滩深潭及边滩指数、河岸缓冲率和湿地保留率(表 1-4)。

表 1-2　河流物理特征指标调查数据

Table1-2　The survey data of physical characteristics index

监测点	河流生态需水保证率	水土流失率	防洪安全指数率	水景观舒适度	河岸稳固性	河流蜿蜒率	河岸浅滩深潭及边滩指数	河岸带缓冲率	湿地保留率	纵向连通性	横向连通性	水温适宜指数数	流速适宜指数数
福德店	0.77	1	0.95	1	0.93	0.8	0.28	0.8	0.6	0.8	0.6	0.57	0.5
通江口	0.84	0.6	0.87	0.76	0.86	0.8	0.26	0.7	0.4	0.6	0.4	0.44	0.25
哈大高铁	0.89	0.6	0.85	0.78	0.81	0.6	0.07	1	0.4	0.8	0.6	0.37	0.5
马虎山	0.89	0.6	0.85	0.87	0.86	0.6	0.33	0.9	0.5	0.6	0.6	0.5	0.5
巨流河	0.88	0.6	0.88	0.94	0.84	0.8	0.38	0.8	0.6	1	0.8	0.59	0.58
满都户	0.89	0.6	0.91	0.92	0.92	0.6	0.39	0.6	0.6	0.8	0.8	0.51	0.58
红庙子	0.87	0.6	0.87	0.78	0.87	0.6	0.4	0.8	0.65	0.6	0.8	0.42	0.42

表 1-3　物理特征指标累计贡献率

Table1-3　Total variance explained of physical characteristics index

编号	初始特征根			提取因子载荷			旋转因子载荷		
	特征根	贡献率	累计贡献率	特征根	贡献率	累计贡献率	特征根	贡献率	累计贡献率
1	5.700	43.845	43.845	5.700	43.845	43.845	4.068	31.295	31.295
2	3.152	24.244	68.089	3.152	24.244	68.089	3.427	26.363	57.658
3	1.981	15.238	83.327	1.981	15.238	83.327	3.337	25.669	83.327
4	1.126	8.662	91.989						
5	0.595	4.576	96.565						
6	0.447	3.435	100.000						
7	5.021E-16	3.862E-15	100.000						
8	2.677E-16	2.059E-15	100.000						
9	1.434E-16	1.103E-15	100.000						
10	9.647E-17	7.421E-16	100.000						
11	−6.662E-17	−5.124E-16	100.000						
12	−1.850E-16	−1.423E-16	100.000						
13	−5.121E-16	−3.939E-15	100.000						

Extraction Method: Principal Component Analysis.

表 1-4　物理特征指标主成分分析结果

Table1-4　Rotated Component Matrix of physical characteristics index

	1	2	3
河流生态需水保证率	−0.948	0.165	−0.082
水土流失率	0.904	0.156	0.050
防洪安全指数	0.786	0.278	0.457
水景观舒适度	0.570	0.713	0.313
河岸稳固性	0.552	0.038	0.742
河流蜿蜒率	0.759	−0.002	−0.059
河岸浅滩深潭及边滩指数	−0.104	0.183	0.902
河岸带缓冲率	−0.175	0.144	−0.802
湿地保留率	0.062	0.504	0.758
纵向连通性	0.197	0.856	−0.159
横向连通性	−0.401	0.704	0.496
水温适宜指数	0.519	0.596	0.395
流速适宜指数	−0.125	0.946	0.094

（2）剩余指标相关性分析　　相关性分析是检验两个或多个变量之间联系密切程度的一种统计学方法，对主成分分析剩余指标进行相关性分析，进行相关性分析前对指标数据进行正态分布检验，检验结果显示均符合正态分布（$P > 0.05$），故选择 Pearson 相关检验，根据显著度情况进行相关性分析。

从表 1-5 中可以看出水土流失率与河流需水保证率极显著相关，防洪安全指数与水土流失率显著相关，防洪安全指数与水景观舒适度、河岸稳固度均为显著相关，湿地保留率与河岸浅滩深潭及边滩指数、横向连通性均呈显著相关。根据数据获取难度、专家意见、数据准确性等因素，将相关的各指标个数只保留一个，以更加准确确定驱动因子。

表 1-5 指标相关性分析结果

Table1-5 Result of correlation among indicators

	河流生态需水保证率	水土流失率	防洪安全指数	水景观舒适度	河岸稳固性	河流蜿蜒率	河岸浅滩深潭及边滩指数	河岸带缓冲率	湿地保留率	纵向连通性	横向连通性	流速适宜指数
河流生态需水保证率	1											
水土流失率	-0.914**	1										
防洪安全指数	-0.749	0.824*	1									
水景观舒适度	-0.41	0.641	0.765*	1								
河岸稳固性	-0.57	0.624	0.864*	0.618	1							
河流蜿蜒率	-0.666	0.471	0.446	0.358	0.147	1						
河岸浅滩深潭及边滩指数	0.062	-0.082	0.268	0.365	0.503	0.042	1					
河岸带缓冲率	0.146	0	-0.503	-0.235	-0.669	-0.242	-0.636	1				
湿地保留率	-0.142	0.275	0.531	0.571	0.572	-0.022	0.793*	-0.376	1			
纵向连通性	0.014	0.167	0.342	0.61	-0.052	0.354	-0.014	0	0.26	1		
横向连通性	0.385	-0.167	0.149	0.357	0.156	-0.354	0.585	-0.171	0.811*	0.458	1	
流速适宜指数	0.28	0.094	0.252	0.68	0.142	-0.266	0.201	0.102	0.499	0.701	0.734	1

**. Correlation is significant at the 0.01 level (2-tailed).

*. Correlation is significant at the 0.05 level (2-tailed)

经上述筛选,最终选取指标为防洪安全指数、河流蜻蜓率、纵向连通性、流速适宜指数、河岸带缓冲率和湿地保留率。社会因素驱动因子主要源于河岸带开垦严重,植被减少造成的水土流失,乱挖、乱伐等现象导致河道摆动性较大,存在河道安全隐患。擅自围封、填埋湿地影响了湿地对洪水的缓冲作用,造成河岸带稳固性减弱;水利工程建设导致个别河段水流减缓,甚至阻碍水生生物的迁徙,破坏了食物链的完整性。

1.3.2.2　自然因素分析

1. 温度

联合国气候变化政府间专家委员会(IPCall Center, IPCC)在第二次评价报告中指出,1951—2009年中国陆地表面平均气温升高了1.38℃(TIPCC,2007);第四次评价报告中提出,近百年来全球地表平均温度上升了0.74℃,未来20年全球将有可能增温0.4℃,到21世纪末将增温1.1～6.4℃。在全球变暖的大方向下,辽宁省平均温度呈上升趋势,增暖率为0.32℃/10年大于中国近54年增暖率0.25℃/10年大于全球近50年增温速率0.13℃/10年(任国玉等,2005;秦大河等,2007)。

1961年以来,辽河流域处于持续增温状态,1986年后增温现象更加明显(孙凤华等,2012)。结合社会因素中国家的经济发展计划将时间分为三个时间段进行演替驱动因子的研究,分别为1986—2000年、2001—2015年和2015年以后,前两个时期年平均气温分别为7.375℃和7.8℃(图1-4)。

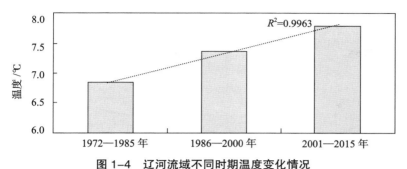

图 1-4　辽河流域不同时期温度变化情况

Fig.1-4　Temperature variation of different period in Liaohe basin

2. 降水量

1961 年至今,降水虽没有温度变化明显但也有较弱的降低趋势, 20 世纪 80 年代为降水最丰沛的阶段。1986—2000 年年均降水量约为 640 mm,2001—2015 年年均降水量约为 615 mm(孙凤华等, 2012),见图 1-5。

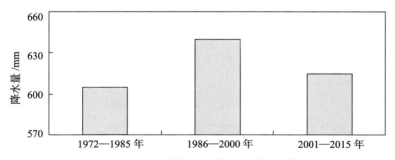

图 1-5　辽河流域不同时期降水量变化情况

Fig.1-5　The rainfall variation of different period in Liaohe basin

3. 蒸发量

近 50 年来辽河流域年平均蒸发量呈减少趋势,20 世纪 60 年代蒸发量最大,21 世纪初期蒸发量又有所增大。1971—1985 年均蒸发量为 1695 mm，1986—2000 年均蒸发量为 1695 mm，2001—2015 年均蒸发量为 1720 mm。见图 1-6。

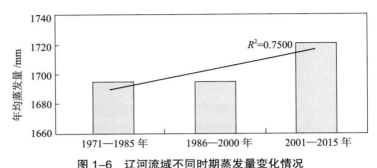

图 1-6　辽河流域不同时期蒸发量变化情况

Fig.1-6　The evaporation variation of different period in Liaohe basin

综合以上温度、降水量、蒸发量自然因素多年平均数据，对自然因素进行主成分分析，结果如表 1-6、表 1-7 所示。

表 1-6　自然因素指标累计贡献率

Table1-6　Total variance explained of natural factors

编号	初始特征根			提取因子载荷			旋转因子载荷		
	特征根	贡献率	累计贡献率	特征根	贡献率	累计贡献率	特征根	贡献率	累计贡献率
1	1.829	60.983	60.983	1.829	60.983	60.983	1.816	60.531	60.531
2	1.171	39.017	100.000	1.171	39.017	100.000	1.184	39.469	100.000
3	−3.671E−17	−1.224E−15	100.000						

Extraction Method: Principal Component Analysis.

表 1-7　自然因素指标主成分分析结果

Table 1-7　Rotated Component Matrix of natural factors

因素	1	2
温度	0.938	0.346

续表 1-7

因素	1	2
降水量	0.014	1.000
蒸发量	0.967	−0.253

按照最大方差旋转法得出旋转结果,自然因素指标可分为两个主成分,第一主成分为温度和蒸发量;第二主成分为降水量,说明辽河保护区自然驱动力主要来自于热量与水分。综上所述,辽河保护区自然驱动因子为热量与水分,但由于自然因素难以控制,本研究不做进一步分析,在下一步的实验工作中加以完善;社会驱动因子为河岸带过度开垦导致植被覆盖率、湿地保留率降低。

1.4   结   论

辽河保护区围封初期,河流与河岸带生态系统均处于开放时期,其光照强度充足,各环境因子易于变化,茵陈蒿、黄花蒿和加拿大蓬等植物作为撂荒地植被恢复的先锋物种首先占领次生裸地;随着围封时间的延长,由于植被的缓冲作用,生态系统趋于相对封闭和稳定,华黄耆、刺果甘草等多年生土著物种不断重现并分布范围日渐增大,辽河保护区生物多样性逐渐减小,群落趋于稳定。

主成分分析与相关分析结果表明,水分与热量为辽河保护区植被群落演替的自然因素,社会因素主要来自于河岸带过度开垦、湿地过度填埋、乱挖、乱牧、乱渔等行为,破坏了河流及河滨带生态系统完整性。

根据以上数据分析结果及野外实践调查得出以下几点恢复建议：

（1）辽河保护区河岸带植被有待进一步恢复，可以选取生命力较强的原有多年生土著物种，这样能避免环境差异对植物生长带来的影响。

（2）恢复辽河保护区原有湿地范围，退耕还湿。另外还可以适当增加人工坑塘、湿地面积，加快湿地演替恢复速度。

（3）尽量减少河流及河滨带不必要的水利工程建设，现有水利工程要加修水生生物洄游通道，保证水生生物的繁衍条件及食物链完整性。

第2章 辽河保护区
生物完整性评价

生物完整性指数(Index of Biological Integrity, IBI)早在1981年由美国生物学家 Karr 首次提出,其含义为"定量的描述环境状况特别是人类干扰和生物学特征之间关系的一系列敏感的生物指数"(郭伟等,2014),起初是以鱼类为研究对象来度量人类干扰对河流生态系统的影响(Karr,1996)。生物完整性指数根据研究区域的指示生物的不同,被分为鱼类生物完整性指数(Fish Index of Biological Integrity, F-IBI)(Pont et al., 2006; Choi et al., 2011)、大型底栖生物完整性指数(Benthic Index of Biological Integrity, B-IBI)(Alison et al., 2002; Joseph et al., 2014)和着生藻类生物完整性指数(Periphyton Index of Biological Integrity, P-IBI)等以水生生物为代表的指数(梁婷等,2014; 裴雪娇等,2010)。

2.1 河流生物完整性评价指标体系建立

2.1.1 评价指标筛选原则

指标是对客观事物或现象的度量和描述。指标的选取要遵从易于理解、易被接受、容易监测等原则。一直以来,多数学者围绕以下

几个方面建立河流生物完整性评价体系的指标:

（1）剖析河流生物完整概念和内涵。

（2）确定河流生物完整性评价指标体系建立的基本原则。

（3）综合分析国内外典型研究成果及专家意见。

（4）结合研究区域的实际情况(我国河流特点、评价河流的生态环境现状和其所在的地方政治、社会经济状况)。

（5）分析流域生物完整性的影响因素。

（6）考虑生态环境保持与人类社会发展的关系。

（7）根据河流的基本特征和个体特征,确定河流的共性指标和个性指标。

2.1.2 评价指标的筛选

通过上文分析最终确定辽河保护区生物完整性评价指标体系包括目标层、状态层、指标层三级指标结构。其中,目标层反映了辽河保护区生物完整性的评价结果;状态层代表了影响辽河保护区生物完整性评价结果的 3 个约束因子;指标层包含 20 个候选指标;每项评价指标均严格遵循独立性、代表性以及可行性原则选取,如表 2–1 所示。

表 2–1 生物完整性评价体系
Table2–1 System of biological integrity evaluation

目标层	状态层	指标层
河流生态系统	生态系统组成成分	指示物种数量
		珍稀物种数量
		栖境复杂性
		植被复杂性

续表 2-1

目标层	状态层	指标层
河流生态系统	生态系统组成成分	斑块破碎度指数
		景观多样性指数
		封育区面积
		封育区占自然保护区面积比例
	能量流动	鱼类生物完整性指数
		综合营养状态指数
		底栖生物完整性指数
		高等植物丰富度
		脊椎动物丰富度
		大型真菌丰富度
		无脊椎动物丰富度
		原有土著物种重现丰富度
	服务功能	水质状况指数
		外来入侵种危害程度
		水生生境干扰指数

　　在生物完整性指标体系的理论设计完成之后,再对其进行科学筛选。一般而言,指标筛选主要分为以下几部分:其一,根据已有的候选指标体系,在不同的文献数据库中查询相关的文献,采用李克特量表法对查询的结果进行等级赋值。其二,对指标的效度与信度进行分析,以保证其结果的有效性和可靠性。其三,对指标的鉴别力进行分析,保证最后筛选出的指标能够有效地反映河流生态系统的状况。其四,在筛选出的指标中,依据其在重要性上的不同,确定各评价指标的权重(根据对各监测点各项评价指标的生物多样性监测的

数据进行主成份分析进一步确定评价指标的权重）。

最终获得的结果可能存在不一致的问题，所以还需对各评价指标的一致性进行检验（即 T 检验），检验指标均值的总体分布状况。本研究通过 SPSS 软件对查询文献的结果进行分析，将评价指标的总体均值设置为 2.0，对样本均值进行 T 检验。

通过 SPSS 的 T 检验分析，得到上述指标样本均值的总数（N）为 80，样本标准差 (Std. Deviation) 等于 1.25，样本均值 (Mean) 等于 2.0，自由度为 79，在 95% 的置信区间内，对应临界置信水平为 0.929，远远大于 0.05，此时，我们可以接受 H_0，即评价指标样本均值通过了 T 检验，成为可以用来对指标进行筛选的样本体（表 2–2）。

表 2–2　指标筛选 T 检验结果
Table2–2　T test results of screening index

指标	均值	标准差
指示物种保持率	1.25	0.50
珍稀物种保持率	4.00	0.00
栖境复杂性	1.50	0.58
植被复杂性	1.75	1.50
斑块破碎度指数	3.00	0.00
景观多样性指数	4.00	0.00
封育区面积	1.00	0.00
封育区占自然保护区面积比例	1.00	0.00
鱼类生物完整性指数	2.25	0.50
综合营养状态指数	1.50	0.58
底栖生物完整性指数	2.25	0.50
高等植物丰富度	1.25	0.50

续表 2-2

指标	均值	标准差
脊椎动物丰富度	1.25	0.50
大型真菌丰富度	1.00	0.00
无脊椎动物丰富度	1.25	0.50
原有土著物种重现丰富度	1.00	0.00
水质状况指数	1.25	0.50
外来入侵种危害程度	3.00	0.00
水生生境干扰指数	1.25	0.50

以 T 检验分析剩下的指标作为指标筛选的基础,同时利用各项指标的平均值和标准差对指标进行筛选。首先删除既满足平均值小于 2.0 又满足标准差大于 1.25 的 1 项指标;下一步,在剩下的满足上述其中一项条件的指标中,删除平均值低于总平均值和标准差高于总标准差的 12 项指标,最终保留 6 项指标。

其中,指示物种保持率、栖境复杂性和水生境干扰指数这两项指标能够综合体现保护区内生境状况,予以保留。

2.1.3　评价指标阐释

1. 指示物种保持率

指示物种是指通过生物学或生态学特性(如出现与缺失、种群密度、传布和繁殖成功率)可表征其他物种或环境状况所具有的,难以直接测度或测度费用太高的特征参数一类物种。指示物种法是由 Leopold 提出的,是指采用一些指示类群来监测生态系统健康的方法。

2. 珍稀物种保持率

该指标评价重点针对评价区域内分布的珍稀濒危物种。珍稀物种保持率通常是指列入国家珍稀濒危物种名录的珍贵、稀有和濒临绝种的动植物物种得到有效保护的比例。调查这些物种的种群数量变化,并关注其分布范围与栖息生境的变化。珍稀濒危物种名录主要参考《中国物种红色名录》《国家重点保护野生植物名录》《国家重点保护野生动物名录》以及地方重点保护野生动植物物种名录等,评价区域内分布的旗舰物种应作为调查的重点对象。

计算方法:根据野外生物调查和问卷统计获取。

计算公式:珍惜物种保持率 = 珍惜物种数量 / 所有物种数量 × 100%

3. 栖境复杂性

栖息地复杂性是指栖息地的构成结构、构成类型越复杂,则该栖息地为生物提供最适宜生存环境的可能性也越大,还可以降低物种对生存空间的竞争程度。

计算方法:根据野外调查获得保护区内每个观测样点的栖息地构成类型数量(如倒树、枯枝落叶、巨石、水生植被和倒凹堤岸等),对其数据进行归一化处理使得数值在 0 ~ 1。

计算公式:$x_j' = \dfrac{x_j - \min(x_j)}{\max(x_j) - \min(x_j)}$,其中 x_j 为同年中各观测点栖息地类型数量。

4. 斑块破碎度指数

破碎度指数是指景观被分割的破碎程度,在一定程度上反映了人为干扰强度对景观格局的影响。

计算公式为:$F = \dfrac{N_P - 1}{N_C}$

式中:F——破碎度指数;N_P——被测区域中景观斑块总数量;N_C——被测区域总面积与最小斑块面积的比值。

F 值域为 $[0,1]$,F 值越大,景观破碎化程度越大。0 表示景观完全未被破坏,1 表示被完全破坏。

5. 景观多样性指数

景观多样性指数反映了斑块数目的多少以及斑块之间的大小变化,是景观复杂程度的一个量度。景观多样性的数值越大说明抵抗人类干扰的能力越强,反之越弱。

计算公式为:$H' = -\sum_{i=1}^{m}(P_i) \times \ln P_i$

式中:H'——景观多样性指数;P_i——斑块类型 i 所占景观面积的比例;m——斑块类型数量。

6. 鱼类多样性指数

选取反映鱼类物种多样性情况的指标进行综合评价,表征鱼类的物种多样性状况。选取的指标为物种丰度指数(H)。

计算公式为:$S = \sum_{i=1}^{n} P_i$,$H = \dfrac{P_i}{S}$

式中:S——区域内所有监测点中出现总物种数;P_i——监测点出现的物种数;n——监测点数量;H——群落物种丰度指数。

7. 底栖多样性指数

指标解释:选取反映大型底栖动物多样性的指标进行综合评估,表征大型底栖动物的物种多样性状况。采用香农指数(Shannon-Wiener Index)。

$$H = -\sum_{i=1}^{m}(P_i)(\log_2 P_i),\ P_i = \frac{N_i}{N}$$

式中:P_i——物种 i 的重要值;N_i——物种 i 的个体数;N——总

个体数。

8. 外来入侵种危害程度

"外来入侵物种危害程度"指标主要通过收集评价区域内外来物种的种类、数目、分布信息,以及导致的经济损失程度。对流入我国的并纳入国际组织、其他国家或地区的外来入侵物种名录、检疫性有害生物、危险性有害生物或其他有害生物名单的物种进行重点调查。评价时,应全面地收集现有调查资料,包括当地环保、农、林、畜牧、检验检疫部门公布的调查统计数据。外来入侵物种名录是监测调查的重要基础。

计算公式:$P = \sum_{i=1}^{n} X \times W$

式中:X——研究区域内外来入侵物种的危害程度;W——外来入侵物种的种类(n为自然数)。

参考闫小玲等(2014)和《中国入侵物种名录》中,中国外来入侵植物的等级划分方法,将外来入侵物种的危害程度分为7个等级(表2-3),分别对其赋分。

表2-3　外来入侵物种危害等级
Table2-3　Hazard class of invasive species

分级	1级	2级	3级	4级	5级	6级	7级
等级描述	恶性入侵	严重入侵	局部入侵	一般入侵	有待观察	建议排除	中国国产
赋分	100	85	70	55	40	25	10

求出每个观测点的外来入侵种危害程度后对数值进行归一化处理,使得计算简化。

9. 水生生境干扰指数

自辽河围封以来,保护区内生物多样性逐渐恢复。但有些地区,例如城市段景观带区域还存在乱挖、乱牧、乱渔等现象,对河流水域造成干扰。

根据挖沙、航运交通或涉水旅游现象的出现频率划定水生生境人类干扰状况等级。

计算方法:水生生境干扰指数 $=\sum_{i=1}^{n} H_i \omega_i$

式中:H_i——第 i 项指标健康分值;ω_i——第 i 项指标权重,其中 i 为 2,指标及权重赋分形式(表 2-4)。 赋分为根据水域的生态压力内容,实地调研获取。

表 2-4　水生生境干扰分级标准

Table2-4　Classification criterion of aquatic habitat disturbance

指标	分级标准及赋分(N)				
	无	极少	部分区域可见	常见	严重
挖砂(0.4)	0	25	50	75	100
航运交通(0.3)	0	25	50	75	100
涉水旅游(0.3)	0	25	50	75	100

2.1.4　指标权重确定

权重是指在一个指标评价体系中,某个指标的相对重要程度。河流水生态系统中包括很多的指标,多个指标对河流生态系统的影响程度都不同。权重可以反映每个指标的重要性,进而反映其对河流的影响程度,从而对河流生态系统健康的客观准确的评价起到重要作用。计算权重的方法有很多,如专家咨询法、主观判断赋值法、利用数学方法计算等。常用的权重计算方法有主成分分析法、层次分析法、灰色关联法、专家咨询法等。本文采取的是层次分析法,层次分析法的核心在于把复杂的问题简单化,将复杂的系统分解为多个组成因素,按因素之间的相互支配从属关系分成不同层次,利用层次间的隶属关系建立递阶层次模型;然后将各层次中的所有因素两两比较,判断各因素的相对重要程度;建立下层元素对上层某元素的判断矩阵,然后求出矩阵最大特征值及相应的特征向量,继而求出各层次元素的总排序,从而为选择最优方案提供决策依据。

评价指标权重计算的方法如下:

(1)构造各准则相对于总目标的 A-B 判断矩阵。对生态系统组成成分、能量流动、服务功能进行两两比较,认为生态系统组成成分与能量流动同等重要,比服务功能稍微重要,由此根据分级比例标度参考表得出单个指标的相对重要性值,并构建判断矩阵,见表 2-5。

表 2-5 判断矩阵 A-B

Table2-5 Judgment matrix A-B

A	B_1	B_2	B_3
B_1	1	1	3
B_2	1	1	3
B_3	1/3	1/3	1

由上述所列的权重计算方法求各指标的权重系数:

根据权重系数计算公式得到:

$$b_1 = \prod_{j=1}^{3} a_{1j} = (1 \times 1 \times 3)^{\frac{1}{3}} = 1.442$$

$$b_2 = \prod_{j=1}^{3} a_{1j} = (1 \times 1 \times 3)^{\frac{1}{3}} = 1.442$$

$$b_3 = \prod_{j=1}^{3} a_{1j} = \left(\frac{1}{3} \times \frac{1}{3} \times 1\right)^{\frac{1}{3}} = 0.481$$

由公式权重计算公式可以算出 w_i,

$$w_1 = \frac{b_1}{\sum\limits_{i=1}^{3} b_i} = \frac{1.442}{1.442+1.442+0.481} = 0.429$$

$$w_2 = \frac{b_2}{\sum\limits_{i=1}^{3} b_i} = \frac{1.442}{1.442+1.442+0.481} = 0.429$$

$$w_3 = \frac{b_3}{\sum\limits_{i=1}^{3} b_i} = \frac{0.481}{1.442+1.442+0.481} = 0.142$$

矩阵 A 的特征向量为: $W=(0.429, 0.429, 0.142)^{\mathrm{T}}$

根据一致性检验公式 $CI = (\lambda_{\max}-n)\dfrac{1}{(n-1)}$, $\lambda_{\max} = \dfrac{1}{n}\sum\limits_{i=1}^{n}(\sum\limits_{j=1}^{n} a_{ij} w_j / w_i)$

$$AW = \begin{bmatrix} 1 & 1 & 3 \\ 1 & 1 & 3 \\ \dfrac{1}{3} & \dfrac{1}{3} & 1 \end{bmatrix} \begin{bmatrix} 0.429 \\ 0.429 \\ 0.142 \end{bmatrix} = \begin{bmatrix} 1.284 \\ 1.284 \\ 0.428 \end{bmatrix}$$

得 $\lambda_{\max} = \dfrac{1}{3}(\dfrac{1.284}{0.429} + \dfrac{1.284}{0.429} + \dfrac{0.428}{0.142}) = 3.00003$

$$CI = (\lambda_{\max}-n)\frac{1}{(n-1)} = (3.00003-3)\frac{1}{2} = 0.000015$$

由 1–9 阶矩阵 RI 值可知,当 $n=3$ 时,RI 值为 0.52,所示 $CI/RI=$ 0.000015 < 0.1,所以判断矩阵通过一致性检。(RI 矩阵值: $n=1$, $RI=0$; $n=2$, $RI=0$; $n=3$, $RI=0.52$; $n=4$, $RI=0.89$; $n=5$, $RI=1.12$; $n=6$, $RI=1.2$; $n=7$, $RI=1.35$; $n=8$, $RI=1.42$; $n=9$, $RI=1.46$)

（2）对反映生态系统组成成分的 5 个指标进行两两比较,认为景观多样性比斑块破碎度指数稍重要;栖境复杂性与指示物种保持率同等重要,比景观多样性指数稍重要;珍稀物种保持率比指示物种保持率稍重要,由此构造判断矩阵 B_1 – C,见表 2–6。

表 2-6　判断矩阵 B₁-C

Table2-6　Judgment matrix B₁-C

B₁	C₁	C₂	C₃	C₄	C₅
C₁	1	1/3	1/4	1/4	1/5
C₂	3	1	1/3	1/3	1/5
C₃	4	3	1	1	1/3
C₄	4	3	1	1	1/3
C₅	5	5	3	3	1

同理可得：

$$b_1 = \prod_{j=1}^{5} a_{1j} = \left(1 \times \frac{1}{3} \times \frac{1}{4} \times \frac{1}{4} \times \frac{1}{5}\right)^{\frac{1}{5}} = 0.3342$$

$$b_2 = \left(3 \times 1 \times \frac{1}{3} \times \frac{1}{3} \times \frac{1}{5}\right)^{\frac{1}{5}} = 0.5818$$

$$b_3 = \left(4 \times 3 \times 1 \times 1 \times \frac{1}{3}\right)^{\frac{1}{5}} = 1.3195$$

$$b_4 = \left(4 \times 3 \times 1 \times 1 \times \frac{1}{3}\right)^{\frac{1}{5}} = 1.3195$$

$$b_5 = \left(5 \times 5 \times 3 \times 3 \times 1\right)^{\frac{1}{5}} = 2.9542$$

$$w_1 = \frac{b_1}{\sum_{i=1}^{5} b_i} = \frac{0.3342}{(0.3342 + 0.5818 + 1.3195 + 1.3195 + 2.9542)} = 0.050$$

$$w_2 = \frac{b_2}{\sum_{i=1}^{5} b_i} = \frac{0.5818}{(0.3342 + 0.5818 + 1.3195 + 1.3195 + 2.9542)} = 0.090$$

$$w_3 = \frac{b_3}{\sum_{i=1}^{5} b_i} = \frac{1.3195}{(0.3342 + 0.5818 + 1.3195 + 1.3195 + 2.9542)} = 0.203$$

$$w_4 = \frac{b_4}{\sum_{i=1}^{5} b_i} = \frac{1.3195}{(0.3342 + 0.5818 + 1.3195 + 1.3195 + 2.9542)} = 0.203$$

$$w_5 = \frac{b_5}{\sum_{i=1}^{5} b_i} = \frac{2.9542}{(0.3342 + 0.5818 + 1.3195 + 1.3195 + 2.9542)} = 0.454$$

矩阵 A 的特征向量为: $W=(0.050, 0.090, 0203, 0.203, 0.454)^{\mathrm{T}}$

进而得知:

$$AW= \begin{bmatrix} 1 & \dfrac{1}{3} & \dfrac{1}{4} & \dfrac{1}{4} & \dfrac{1}{5} \\ 3 & 1 & \dfrac{1}{3} & \dfrac{1}{3} & \dfrac{1}{5} \\ 4 & 3 & 1 & 1 & \dfrac{1}{3} \\ 4 & 3 & 1 & 1 & \dfrac{1}{3} \\ 5 & 5 & 3 & 3 & 1 \end{bmatrix} \begin{bmatrix} 0.050 \\ 0.090 \\ 0.203 \\ 0.203 \\ 0.454 \end{bmatrix} = \begin{bmatrix} 0.272 \\ 0.466 \\ 1.027 \\ 1.027 \\ 2.372 \end{bmatrix}$$

计算判断矩阵的最大特征 $\lambda_{\max}$:

$$\lambda_{\max}= \frac{1}{5} \left(\frac{0.272}{0.050} + \frac{0.466}{0.090} + \frac{1.027}{0.203} + \frac{1.027}{0.203} + \frac{2.372}{0.454} \right) = 5.192$$

$$\mathrm{CI} = (\lambda_{\max}-n)\frac{1}{(n-1)} = (5.192-5)\frac{1}{4} = 0.048$$

由 1–9 阶矩阵 RI 值可知当 $n=5$ 时, RI 值为 1.12, 所以 $CI/RI=$ 0.048 / 1.12 = 0.043 < 0.1, 所以判断矩阵通过一致性检验。(RI 矩阵值: $n=1$, $RI=0$; $n=2$, $RI=0$; $n=3$, $RI=0.52$; $n=4$, $RI=0.89$; $n=5$, $RI=1.12$; $n=6$, $RI=1.2$; $n=7$, $RI=1.35$; $n=8$, $RI=1.42$; $n=9$, $RI=1.46$)

（3）对反映能量流动的两个指标进行比较, 认为底栖多样性指数比鱼类多样性指数稍重要, 由此构造矩阵表 2-7。

表 2-7　判断矩阵 B_2-C

Table2-7　Judgment matrix B_2-C

B_2	C_6	C_7
C_6	1	1/3
C_7	3	1

$$b_1 = \left(1 \times \frac{1}{3}\right)^{\frac{1}{2}} = 0.577 \qquad b_2 = (1 \times 3)^{\frac{1}{2}} = 1.732$$

$$w_1 = \frac{b_1}{\sum\limits_{i=1}^{2} b_i} = \frac{0.574}{(1.732+0.574)} = 0.25$$

$$w_2 = \frac{b_2}{\sum\limits_{i=1}^{2} b_i} = \frac{1.732}{(1.732+0.574)} = 0.75$$

因为二阶矩阵总具有一致性,所以不需要进行检验。

（4）对反映服务功能的水生生境干扰指数和外来入侵种危害程度进行比较,认为外来入侵种危害程度比水生生境干扰指数明显重要,由此构造出判断矩阵(表2-8)。

表2-8　判断矩阵 B_3–C

Table2-8　Judgment matrix B_3–C

B_3	C_8	C_9
C_8	1	1/7
C_9	7	1

$$b_1 = \left(1 \times \frac{1}{7}\right)^{\frac{1}{2}} = 0.378 \qquad b_2 = (1 \times 7)^{\frac{1}{2}} = 2.646$$

$$w_1 = \frac{b_1}{\sum\limits_{i=1}^{2} b_i} = \frac{0.378}{(0.378+2.646)} = 0.125$$

$$w_2 = \frac{b_2}{\sum\limits_{i=1}^{2} b_i} = \frac{2.646}{(0.378+2.646)} = 0.875$$

因为二阶矩阵总是具有一致性,所以不需要进行检验。

（5）综合以上结果,得出生物完整性评价的指标权重赋值表2-9。

表 2-9　生物完整性评价指标权重赋值表

Table2-9　The weight of biological integrity evaluation index

目标层	准则层	权重	指标层	权重
生物完整性评价	生态系统组成成分	0.429	斑块破碎度指数	0.05
			景观多样性指数	0.09
			栖境复杂性	0.203
			指示物种保持率	0.203
			珍稀物种保持率	0.454
	能量流动	0.429	鱼类多样性指数	0.25
			底栖多样性指数	0.75
	服务功能	0.142	水生生境干扰指数	0.125
			外来入侵种危害程度	0.875

2.2　评价过程及评价结果

2.2.1　确定评价方法

　　河流生物完整性状况是一个动态性的相对概念,其影响因素之间的关系是复杂多样的。通过对比分析各种评价方法,本研究最终选用理论研究与实践应用较多的综合指数法。利用综合指数法对辽河保护区进行生物完整性评价,通过生态系统组成成分、能量流动和服务功能加权求和,得出综合评价指数,以该指数反映辽河保护区生物完整性状况。

　　生物完整性综合指数计算如下: $BICI = \sum_{i=1}^{n} W_i I_i$

　　式中: $BICI$——生物完整性评价指数,其值的大小在 0～1;

W_i——评估指标在综合评估指标体系中的权重值,其值的大小在 $0\sim1$ 之间; I_i——评估指标的归一化值,其值大小在 $0\sim1$。

根据生物完整性评价综合指数($BICI$)数值的大小,将生物完整性等级分为五级,分别为好、较好、一般、差和极差,具体指数分值和完整性状况分级详见表 2-10。

表 2-10　生物完整性分级

Table2-10　Grading of biological integrity

优	良	一般	差	极差
$80 \leqslant BICI$ < 100	$60 \leqslant BICI$ < 80	$40 \leqslant BICI$ < 60	$20 \leqslant BICI$ < 40	$0 \leqslant BICI$ < 20

注:生物完整性综合指数($BICI$)× 100

2.2.2　评价标准

通过总结前人研究结果,并结合辽河保护区自身特点将辽河生物完整性评价标准分为"优、良、一般、差、极差"5 个级别分别代表"Ⅰ、Ⅱ、Ⅲ、Ⅳ、Ⅴ"5 个类别,具体标准见表 2-11。

2.2.3　生物完整性评价计算过程及结果

本研究的河流生物完整性指标主要为反映河流生物物种多样性和河岸栖息地环境的指标,根据专家咨询意见,《国家重点保护野生植物名录》《中国物种红色名录》《我国各地区外来入侵物种名录》《国家重点保护野生动物名录》等及参考相关河流健康评价方面的文献资料,确定了珍稀物种保持率、栖境复杂性和斑块破碎度等 9 个评价指标,并根据辽河干流的水文与地貌特征在辽河保护区内橡胶坝、河流交汇处等地设置了 17 个长期监测点,即福德店、石佛寺、马虎山大桥、红庙子、大张、曙光大桥等 17 个监测点。

表 2-11 生物完整性评价标准

Table2-11 Criterion for biological integrity evaluation

指标层	优	良	一般	差	极差
珍稀物种保持率	含有国家重点一级保护类动、植物	含有国家重点二级保护的动、植物	含有一种或几种地区域性珍稀濒危动、植物	含有一种或几种地方级保护动、植物	含有一种地方级保护动、植物,但在我国较为常见
栖境复杂性	有水生植被,枯枝落叶,倒木,倒回堤岸和巨石等各种小栖境	有水生植被,枯枝落叶而无倒回堤岸和巨石等小栖境	有水生植被,有少量枯枝落叶,以 3～5 种小栖境为主	以 1～2 种小栖境为主,少水生植物和枯枝落叶	生境仅有一种,生境单一
斑块破碎度指数(归一化)	≤0.2	0.2<N≤0.4	0.4<N≤0.6	0.6<N≤0.8	>0.8
景观多样性指数	>3.0	2.0～3.0	1.0～2.0	0～1.0	0
鱼类生物完整性指数(归一化)	0.8<N≤1	0.6<N≤0.8	0.4<N≤0.6	0.2<N≤0.4	0<N≤0.2
大型底栖多样性指数	>3.66	2.75～3.66	1.83～2.75	0.92～1.83	0～0.92
外来入侵种危害程度	<20	20～100	100～300	300～500	>500
河道连通性	0	1	2	3	≥4
水生生境干扰指数	0	0<N≤25	25<N≤50	50<N≤75	75<N≤100

本研究主要在 2014 年 3 月至 2015 年 10 月进行调查,根据调查对象的生长特征、生活习性、出没地点以及迁徙时间来规划调查时间。

1. 福德店

依据选取的 9 个指标对福德店进行生物完整性评价,其调查数据与评价结果如表 2–12 所示。

表 2–12　福德店指标层数据
Table2–12　The index data of Fudedian

编号	指标层数据	调查数据
1	指示物种保持率	1.00
2	珍稀物种保持率	0.85
3	栖境复杂性	1.00
4	斑块破碎度指数	1.00
5	景观多样性指数	0.90
6	鱼类丰富度指数	0.80
7	大型底栖多样性指数	0.63
8	外来入侵种危害程度	0.90
9	水生生境干扰指数	0.95

由表 2–13 可知福德店生物完整性评价总体处于"优"水平,其中生态系统组成成分评价为"优",能量流动评价结果为"良",服务功能评价结果为"优"。

表 2-13 福德店综合指数评价结果

Table2-13 Composite indexes of evaluation results in Fudedian

指标层	调查数据	指标层数据	状态层	状态层数据	状态层评价
指示物种保持率 (0.203)	1.00	0.203			
珍稀物种保持率 (0.454)	0.85	0.386			
栖境复杂性 (0.203)	1.00	0.203	生态系统组成成分 (0.429)	0.396	
斑块破碎度指数 (0.05)	1.00	0.050			
景观多样性指数 (0.09)	0.90	0.081			优 (0.813)
鱼类丰富度指数 (0.25)	0.80	0.200	能量流动 (0.429)	0.289	
大型底栖多样性指数 (0.75)	0.63	0.472			
外来入侵种危害程度 (0.875)	0.90	0.788	服务功能 (0.142)	0.129	
水生生境干扰指数 (0.125)	0.95	0.119			

2. 三河下拉

依据选取的 9 个指标对三河下拉进行生物完整性评价,其调查数据与评价结果如表 2-14 所示。

表2-14　三河下拉指标层数据

Table2-14　The index data of Sanhexiala

编号	指标层数据	调查数据
1	指示物种保持率	0.50
2	珍稀物种保持率	0.60
3	栖境复杂性	0.60
4	斑块破碎度指数	1.00
5	景观多样性指数	0.89
6	鱼类丰富度指数	1.00
7	大型底栖多样性指数	0.93
8	外来入侵种危害程度	0.80
9	水生生境干扰指数	0.87

由表2-15可知三河下拉生物完整性评价总体处于"良"水平,其中生态系统组成成分评价为"良",能量流动与服务功能评价结果为"优"。

表2-15　三河下拉综合指数评价结果

Table2-15　Composite indexes of evaluation results in Sanhexiala

指标层	调查数据	指标层数据	状态层	状态层数据	状态层评价
指示物种保持率（0.203）	0.50	0.1015			
珍稀物种保持率（0.454）	0.60	0.2724			
栖境复杂性（0.203）	0.60	0.1218	生态系统组成成分（0.429）	0.268	良（0.790）
斑块破碎度指数（0.05）	1.00	0.05			
景观多样性指数（0.09）	0.89	0.0801			

续表 2-15

指标层	调查数据	指标层数据	状态层	状态层数据	状态层评价
鱼类丰富度指数（0.25）	1.00	0.25	能量流动（0.429）	0.406	
大型底栖多样性指数（0.75）	0.93	0.696	能量流动（0.429）	0.406	良（0.790）
外来入侵种危害程度（0.875）	0.80	0.7	服务功能（0.142）	0.115	
水生生境干扰指数（0.125）	0.87	0.10875			

3. 通江口

依据选取的 9 个指标对通江口进行生物完整性评价,其调查数据与评价结果如表 2-16 所示。

表 2-16　通江口指标层数据

Table2-16　The index data of Tongjiangkou

编号	指标层数据	调查数据
1	指示物种保持率	1.00
2	珍稀物种保持率	1.00
3	栖境复杂性	1.00
4	斑块破碎度指数	1.00
5	景观多样性指数	0.88
6	鱼类丰富度指数	1.00
7	大型底栖多样性指数	0.63
8	外来入侵种危害程度	0.70
9	水生生境干扰指数	0.90

由表 2-17 可知通江口生物完整性评价总体处于"优"水平,其中生态系统组成成分评价为"优",能量流动与服务功能评价结果为"良"。

表 2-17　通江口综合指数评价结果

Table2-17　Composite indexes of evaluation results in Tongjiangkou

指标层	调查数据	指标层数据	状态层	状态层数据	状态层评价
指示物种保持率（0.203）	1.00	0.203	生态系统组成成分（0.429）	0.424	优（0.837）
珍稀物种保持率（0.454）	1.00	0.454			
栖境复杂性（0.203）	1.00	0.203			
斑块破碎度指数（0.05）	1.00	0.05			
景观多样性指数（0.09）	0.88	0.0792			
鱼类丰富度指数（0.25）	1.00	0.25	能量流动（0.429）	0.310	
大型底栖多样性指数（0.75）	0.63	0.47025			
外来入侵种危害程度（0.875）	0.70	0.6125	服务功能（0.142）	0.103	
水生生境干扰指数（0.125）	0.90	0.1125			

4. 哈大高铁

依据选取的 9 个指标对哈大高铁进行生物完整性评价,其调查数据与评价结果如下(表 2-18)。

表 2-18　哈大高铁指标层数据

Table2-18　The index data of Hadagaotie

编号	指标层数据	调查数据
1	指示物种保持率	0.50
2	珍稀物种保持率	0.40
3	栖境复杂性	0.20
4	斑块破碎度指数	1.00
5	景观多样性指数	0.88
6	鱼类丰富度指数	0.60
7	大型底栖多样性指数	0.89
8	外来入侵种危害程度	0.60
9	水生生境干扰指数	0.91

由表 2-19 可知哈大高铁生物完整性评价总体处于"良"水平，其中生态系统组成成分评价为"一般"，能量流动评价结果为"优"，服务功能评价结果为"良"。

表 2-19　哈大高铁综合指数评价结果

Table2-19　Composite indexes of evaluation results in Hadagaotie

指标层	调查数据	指标层数据	状态层	状态层数据	状态层评价
指示物种保持率（0.203）	0.50	0.1015			
珍稀物种保持率（0.454）	0.40	0.1816	生态系统组成成分（0.429）	0.194	良（0.636）
栖境复杂性（0.203）	0.20	0.0406			
斑块破碎度指数（0.05）	1.00	0.05			

续表 2-19

指标层	调查数据	指标层数据	状态层	状态层数据	状态层评价
景观多样性指数（0.09）	0.88	0.0792	生态系统组成成分（0.429）	0.194	
鱼类丰富度指数（0.25）	0.60	0.15	能量流动（0.429）	0.351	良（0.636）
大型底栖多样性指数（0.75）	0.89	0.66375			
外来入侵种危害程度（0.875）	0.60	0.525	服务功能（0.142）	0.091	
水生生境干扰指数（0.125）	0.91	0.11375			

5. 双安桥

依据选取的 9 个指标对双安桥进行生物完整性评价，其调查数据与评价结果如下（表 2-20）。

表 2-20　双安桥指标层数据

Table2-20　The index data of Shuanganqiao

编号	指标层数据	调查数据
1	指示物种保持率	0.50
2	珍稀物种保持率	0.20
3	栖境复杂性	0.50
4	斑块破碎度指数	1.00
5	景观多样性指数	0.87
6	鱼类丰富度指数	0.60
7	大型底栖多样性指数	0.89
8	外来入侵种危害程度	0.65
9	水生生境干扰指数	0.89

由表 2-21 可知双安桥生物完整性评价总体处于"良"水平,其中生态系统组成成分评价为"一般",能量流动评价结果为"优",服务功能评价结果为"良"。

表 2-21　双安桥综合指数评价结果
Table2-21　Composite indexes of evaluation results in Shuanganqiao

指标层	调查数据	指标层数据	状态层	状态层数据	状态层评价
指示物种保持率（0.203）	0.50	0.1015			
珍稀物种保持率（0.454）	0.20	0.0908			
栖境复杂性（0.203）	0.50	0.1015	生态系统组成成分（0.429）	0.181	
斑块破碎度指数（0.05）	1.00	0.05			
景观多样性指数（0.09）	0.87	0.0783			良（0.628）
鱼类丰富度指数（0.25）	0.60	0.15	能量流动（0.429）	0.351	
大型底栖多样性指数（0.75）	0.89	0.6675			
外来入侵种危害程度（0.875）	0.65	0.56875	服务功能（0.142）	0.097	
水生生境干扰指数（0.125）	0.89	0.11125			

6. 蔡牛

依据选取的 9 个指标对蔡牛进行生物完整性评价,其调查数据与评价结果如下(表 2-22)。

表 2-22 蔡牛指标层数据

Table2-22 The index data of Cainiu

编号	指标层数据	调查数据
1	指示物种保持率	1.00
2	珍稀物种保持率	0.85
3	栖境复杂性	1.00
4	斑块破碎度指数	1.00
5	景观多样性指数	0.89
6	鱼类丰富度指数	0.60
7	大型底栖多样性指数	0.88
8	外来入侵种危害程度	0.50
9	水生生境干扰指数	0.88

由表 2-23 可知蔡牛生物完整性评价总体处于"优"水平,其中生态系统组成成分评价为"优",能量流动评价结果为"优",服务功能评价结果为"一般"。

表 2-23 蔡牛综合指数评价结果

Table2-23 Composite indexes of evaluation results in Cainiu

指标层	调查数据	指标层数据	状态层	状态层数据	状态层评价
指示物种保持率（0.203）	1.00	0.203			
珍稀物种保持率（0.454）	0.85	0.3859	生态系统组成成分（0.429）	0.396	优（0.821）
栖境复杂性（0.203）	1.00	0.203			

续表 2-23

指标层	调查数据	指标层数据	状态层	状态层数据	状态层评价
斑块破碎度指数（0.05）	1.00	0.05	生态系统组成成分（0.429）	0.396	
景观多样性指数（0.09）	0.89	0.0801			
鱼类丰富度指数（0.25）	0.60	0.15	能量流动（0.429）	0.347	优（0.821）
大型底栖多样性指数（0.75）	0.88	0.65625			
外来入侵种危害程度（0.875）	0.50	0.4375	服务功能（0.142）	0.078	
水生生境干扰指数（0.125）	0.88	0.11			

7. 汛河

依据选取的 9 个指标对汛河进行生物完整性评价，其调查数据与评价结果如下（表 2-24）。

表 2-24　汛河指标层数据
Table2-24　The index data of Fanhe

编号	指标层数据	调查数据
1	指示物种保持率	0.50
2	珍稀物种保持率	1.00
3	栖境复杂性	1.00
4	斑块破碎度指数	1.00
5	景观多样性指数	0.87
6	鱼类丰富度指数	0.40
7	大型底栖多样性指数	0.69

续表 2-24

编号	指标层数据	调查数据
8	外来入侵种危害程度	0.80
9	水生生境干扰指数	0.90

由表 2-25 可知汛河生物完整性评价总体处于"良"水平,其中生态系统组成成分评价为"优",能量流动评价结果为"良",服务功能评价结果为"优"。

表 2-25　汛河综合指数评价结果
Table2-25　Composite indexes of evaluation results in Fanhe

指标层	调查数据	指标层数据	状态层	状态层数据	状态层评价
指示物种保持率（0.203）	0.50	0.1015			
珍稀物种保持率（0.454）	1.00	0.454			
栖境复杂性（0.203）	1.00	0.203	生态系统组成成分（0.429）	0.380	
斑块破碎度指数（0.05）	1.00	0.05			
景观多样性指数（0.09）	0.87	0.0783			良（0.761）
鱼类丰富度指数（0.25）	0.40	0.1	能量流动（0.429）	0.265	
大型底栖多样性指数（0.75）	0.69	0.51825			
外来入侵种危害程度（0.875）	0.80	0.7	服务功能（0.142）	0.115	
水生生境干扰指数（0.125）	0.90	0.1125			

8. 石佛寺

依据选取的 9 个指标对石佛寺进行生物完整性评价,其调查数据与评价结果如下(表 2-26)。

表 2-26 石佛寺指标层数据
Table2-26 The index data of Shifosi

编号	指标层数据	调查数据
1	指示物种保持率	1.00
2	珍稀物种保持率	0.80
3	栖境复杂性	0.50
4	斑块破碎度指数	0.80
5	景观多样性指数	0.85
6	鱼类丰富度指数	0.40
7	大型底栖多样性指数	1.00
8	外来入侵种危害程度	0.60
9	水生生境干扰指数	0.87

由表 2-27 可知石佛寺生物完整性评价总体处于"良"水平,其中生态系统组成成分评价为"良",能量流动评价结果为"优",服务功能评价结果为"良"。

表 2-27 石佛寺综合指数评价结果
Table2-27 Composite indexes of evaluation results in Shifosi

指标层	调查数据	指标层数据	状态层	状态层数据	状态层评价
指示物种保持率 (0.203)	1.00	0.203	生态系统组成成分 (0.429)	0.336	良 (0.791)
珍稀物种保持率 (0.454)	0.80	0.3632			

续表 2-27

指标层	调查数据	指标层数据	状态层	状态层数据	状态层评价
栖境复杂性（0.203）	0.50	0.1015	生态系统组成成分（0.429）	0.336	
斑块破碎度指数（0.05）	0.80	0.04			
景观多样性指数（0.09）	0.85	0.0765			
鱼类丰富度指数（0.25）	0.40	0.1	能量流动（0.429）	0.365	良（0.791）
大型底栖多样性指数（0.75）	1.00	0.75			
外来入侵种危害程度（0.875）	0.60	0.525	服务功能（0.142）	0.09	
水生生境干扰指数（0.125）	0.87	0.10875			

9. 马虎山大桥

依据选取的 9 个指标对马虎山大桥进行生物完整性评价，其调查数据与评价结果如下（表 2-28）。

表 2-28　马虎山大桥指标层数据
Table2-28　Composite indexes of evaluation results in Mahushan

编号	指标层数据	调查数据
1	指示物种保持率	0.50
2	珍稀物种保持率	0.40
3	栖境复杂性	0.50
4	斑块破碎度指数	1.00

续表 2-28

编号	指标层数据	调查数据
5	景观多样性指数	0.87
6	鱼类丰富度指数	0.40
7	大型底栖多样性指数	1.00
8	外来入侵种危害程度	0.50
9	水生生境干扰指数	0.91

　　由表 2-29 可知马虎山大桥生物完整性评价总体处于"良"水平，其中生态系统组成成分评价为"一般"，能量流动评价结果为"良"，服务功能评价结果为"一般"。

表 2-29　马虎山大桥综合指数评价结果

Table2-29　Composite indexes of evaluation results in Mahushan

指标层	调查数据	指标层数据	状态层	状态层数据	状态层评价
指示物种保持率（0.203）	0.50	0.1015			
珍稀物种保持率（0.454）	0.40	0.1816			
栖境复杂性（0.203）	0.50	0.1015	生态系统组成成分（0.429）	0.220	良（0.663）
斑块破碎度指数（0.05）	1.00	0.05			
景观多样性指数（0.09）	0.87	0.0783			
鱼类丰富度指数（0.25）	0.40	0.1	能量流动（0.429）	0.365	

续表 2-29

指标层	调查数据	指标层数据	状态层	状态层数据	状态层评价
大型底栖多样性指数（0.75）	1.00	0.75	能量流动（0.429）	0.365	
外来入侵种危害程度（0.875）	0.50	0.4375	服务功能（0.142）	0.078	良（0.663）
水生生境干扰指数（0.125）	0.91	0.11375			

10. 巨流河

依据选取的 9 个指标对巨流河进行生物完整性评价,其调查数据与评价结果如下(表 2-30)。

表 2-30　巨流河指标层数据
Table2-30　Composite indexes of evaluation results in Juliu river

编号	指标层数据	调查数据
1	指示物种保持率	0.50
2	珍稀物种保持率	0.20
3	栖境复杂性	0.50
4	斑块破碎度指数	1.00
5	景观多样性指数	0.89
6	鱼类丰富度指数	0.20
7	大型底栖多样性指数	0.85
8	外来入侵种危害程度	0.55
9	水生生境干扰指数	0.92

由表 2-31 可知巨流河生物完整性评价总体处于"一般"水平,其中生态系统组成成分评价为"一般",能量流动评价结果为"良",服务功能评价结果为"一般"。

表 2-31 巨流河综合指数评价结果

Table2-31 Composite indexes of evaluation results in Juliu river

指标层	调查数据	指标层数据	状态层	状态层数据	状态层评价
指示物种保持率(0.203)	0.50	0.1015			
珍稀物种保持率(0.454)	0.20	0.0908			
栖境复杂性(0.203)	0.50	0.1015	生态系统组成成分(0.429)	0.182	
斑块破碎度指数(0.05)	1.00	0.05			
景观多样性指数(0.09)	0.89	0.0801			一般(0.561)
鱼类丰富度指数(0.25)	0.20	0.05	能量流动(0.429)	0.295	
大型底栖多样性指数(0.75)	0.85	0.63375			
外来入侵种危害程度(0.875)	0.55	0.482125	服务功能(0.142)	0.085	
水生生境干扰指数(0.125)	0.92	0.115			

11. 毓宝台

依据选取的 9 个指标对毓宝台进行生物完整性评价,其调查数据与评价结果如下(表 2-32)。

表 2-32　毓宝台指标层数据

Table2-32　Composite indexes of evaluation results in Yubaotai

编号	指标层数据	调查数据
1	指示物种保持率	0.50
2	珍稀物种保持率	0.00
3	栖境复杂性	0.50
4	斑块破碎度指数	1.00
5	景观多样性指数	0.90
6	鱼类丰富度指数	0.20
7	大型底栖多样性指数	0.99
8	外来入侵种危害程度	0.60
9	水生生境干扰指数	0.92

　　由表 2-33 可知毓宝台生物完整性评价总体处于"一般"水平，其中生态系统组成成分评价为"差"，能量流动评价结果为"良"，服务功能评价结果为"良"。

表 2-33　毓宝台综合指数评价结果

Table2-33　Composite indexes of evaluation results in Yubaotai

指标层	调查数据	指标层数据	状态层	状态层数据	状态层评价
指示物种保持率（0.203）	0.50	0.1015			
珍稀物种保持率（0.454）	0.00	0.1816	生态系统组成成分（0.429）	0.143	一般（0.574）
栖境复杂性（0.203）	0.50	0.1015			
斑块破碎度指数（0.05）	1.00	0.05			

续表 2-33

指标层	调查数据	指标层数据	状态层	状态层数据	状态层评价
景观多样性指数（0.09）	0.90	0.081	生态系统组成成分（0.429）	0.143	
鱼类丰富度指数（0.25）	0.20	0.05	能量流动（0.429）	0.340	一般（0.574）
大型底栖多样性指数（0.75）	0.99	0.7455			
外来入侵种危害程度（0.875）	0.60	0.525	服务功能（0.142）	0.091	
水生生境干扰指数（0.125）	0.92	0.115			

12. 满都户

依据选取的 9 个指标对满都户进行生物完整性评价,其调查数据与评价结果如下(表 2-34)。

表 2-34 满都户指标层数据

Table2-34 Composite indexes of evaluation results in Manduhu

编号	指标层数据	调查数据
1	指示物种保持率	0.75
2	珍稀物种保持率	0.40
3	栖境复杂性	1.00
4	斑块破碎度指数	0.80
5	景观多样性指数	0.89
6	鱼类丰富度指数	0.20
7	大型底栖多样性指数	0.86
8	外来入侵种危害程度	0.75
9	水生生境干扰指数	0.92

由表 2-35 可知满都户生物完整性评价总体处于"良"水平,其中生态系统组成成分评价为"良",能量流动评价结果为"良",服务功能评价结果为"良"。

表 2-35　满都户综合指数评价结果
Table2-35　Composite indexes of evaluation results in Manduhu

指标层	调查数据	指标层数据	状态层	状态层数据	状态层评价
指示物种保持率（0.203）	0.75	0.15225			
珍稀物种保持率（0.454）	0.40	0.1816			
栖境复杂性（0.203）	1.00	0.203	生态系统组成成分（0.429）	0.282	
斑块破碎度指数（0.05）	0.80	0.04			
景观多样性指数（0.09）	0.89	0.0801			良（0.690）
鱼类丰富度指数（0.25）	0.20	0.05	能量流动（0.429）	0.298	
大型底栖多样性指数（0.75）	0.86	0.64725			
外来入侵种危害程度（0.875）	0.75	0.65625	服务功能（0.142）	0.110	
水生生境干扰指数（0.125）	0.92	0.115			

13. 红庙子

依据选取的 9 个指标对红庙子进行生物完整性评价,其调查数据与评价结果如下(表 2-36)。

表 2-36　红庙子指标层数据

Table2-36　Composite indexes of evaluation results in Hongmiaozi

编号	指标层数据	调查数据
1	指示物种保持率	1.00
2	珍稀物种保持率	0.40
3	栖境复杂性	1.00
4	斑块破碎度指数	0.80
5	景观多样性指数	0.89
6	鱼类丰富度指数	0.20
7	大型底栖多样性指数	0.74
8	外来入侵种危害程度	0.63
9	水生生境干扰指数	0.92

由表 2-37 可知红庙子生物完整性评价总体处于"良"水平,其中生态系统组成成分评价为"良",能量流动评价结果为"良",服务功能评价结果为"良"。

表 2-37　红庙子综合指数评价结果

Table2-37　Composite indexes of evaluation results in Hongmiaozi

指标层	调查数据	指标层数据	状态层	状态层数据	状态层评价
指示物种保持率 (0.203)	1.00	0.203			
珍稀物种保持率 (0.454)	0.40	0.1816	生态系统 组成成分 (0.429)	0.304	良 (0.658)
栖境复杂性 (0.203)	1.00	0.203			
斑块破碎度指数 (0.05)	0.80	0.04			

续表 2-37

指标层	调查数据	指标层数据	状态层	状态层数据	状态层评价
景观多样性指数（0.09）	0.89	0.0801	生态系统组成成分（0.429）	0.304	
鱼类丰富度指数（0.25）	0.20	0.05	能量流动（0.429）	0.260	良（0.658）
大型底栖多样性指数（0.75）	0.74	0.55425			
外来入侵种危害程度（0.875）	0.63	0.55125	服务功能（0.142）	0.095	
水生生境干扰指数（0.125）	0.92	0.115			

14. 达牛

依据选取的 9 个指标对达牛进行生物完整性评价,其调查数据与评价结果如下(表 2-38)。

表 2-38　达牛指标层数据

Table2-38　Composite indexes of evaluation results in Daniu

编号	指标层数据	调查数据
1	指示物种保持率	0.50
2	珍稀物种保持率	0.20
3	栖境复杂性	0.20
4	斑块破碎度指数	1.00
5	景观多样性指数	0.86
6	鱼类丰富度指数	0.20
7	大型底栖多样性指数	1.00

续表 2-38

编号	指标层数据	调查数据
8	外来入侵种危害程度	0.41
9	水生生境干扰指数	0.85

由表 2-39 可知达牛生物完整性评价总体处于"一般"水平,其中生态系统组成成分评价为"差",能量流动评价结果为"良",服务功能评价结果为"一般"。

表 2-39　达牛综合指数评价结果

Table 2-39　Composite indexes of evaluation results in Daniu

指标层	调查数据	指标层数据	状态层	状态层数据	状态层评价
指示物种保持率（0.203）	0.50	0.1015			
珍稀物种保持率（0.454）	0.20	0.0908			
栖境复杂性（0.203）	0.20	0.0406	生态系统组成成分（0.429）	0.155	
斑块破碎度指数（0.05）	1.00	0.05			
景观多样性指数（0.09）	0.86	0.0774			一般（0.564）
鱼类丰富度指数（0.25）	0.20	0.05	能量流动（0.429）	0.343	
大型底栖多样性指数（0.75）	1.00	0.75			
外来入侵种危害程度（0.875）	0.41	0.35875	服务功能（0.142）	0.066	
水生生境干扰指数（0.125）	0.85	0.10625			

15. 大张

依据选取的 9 个指标对大张进行生物完整性评价,其调查数据
与评价结果如下(表 2-40)。

表 2-40　大张指标层数据
Table2-40　Composite indexes of evaluation results in Dazhang

编号	指标层数据	调查数据
1	指示物种保持率	1.00
2	珍稀物种保持率	0.20
3	栖境复杂性	0.50
4	斑块破碎度指数	1.00
5	景观多样性指数	0.89
6	鱼类丰富度指数	0.20
7	大型底栖多样性指数	0.69
8	外来入侵种危害程度	0.47
9	水生生境干扰指数	0.90

由表 2-41 可知大张生物完整性评价总体处于"一般"水平,其
中生态系统组成成分评价为"一般",能量流动评价结果为"一般",
服务功能评价结果为"一般"。

表 2-41　大张综合指数评价结果
Table2-41　Composite indexes of evaluation results in Dazhang

指标层	调查数据	指标层数据	状态层	状态层数据	状态层评价
指示物种保持率（0.203）	1.00	0.203	生态系统组成成分（0.429）	0.225	一般（0.543）
珍稀物种保持率（0.454）	0.20	0.0908			

续表 2-41

指标层	调查数据	指标层数据	状态层	状态层数据	状态层评价
栖境复杂性（0.203）	0.50	0.1015			
斑块破碎度指数（0.05）	1.00	0.05	生态系统组成成分（0.429）	0.225	
景观多样性指数（0.09）	0.89	0.0801			
鱼类丰富度指数（0.25）	0.20	0.05	能量流动（0.429）	0.243	一般（0.543）
大型底栖多样性指数（0.75）	0.69	0.51825			
外来入侵种危害程度（0.875）	0.47	0.41475	服务功能（0.142）	0.074	
水生生境干扰指数（0.125）	0.90	0.1125			

16. 盘山闸

依据选取的 9 个指标对盘山闸进行生物完整性评价，其调查数据与评价结果如下（表 2-42）。

表 2-42　盘山闸指标层数据

Table2-42　Composite indexes of evaluation results in Panshanzha

编号	指标层数据	调查数据
1	指示物种保持率	0.75
2	珍稀物种保持率	0.20
3	栖境复杂性	0.20
4	斑块破碎度指数	1.00
5	景观多样性指数	0.86

续表 2-42

编号	指标层数据	调查数据
6	鱼类丰富度指数	0.20
7	大型底栖多样性指数	0.20
8	外来入侵种危害程度	0.50
9	水生生境干扰指数	0.83

由表 2-43 可知盘山闸生物完整性评价总体处于"差"水平,其中生态系统组成成分评价为"一般",能量流动评价结果为"差",服务功能评价结果为"一般"。

表 2-43　盘山闸综合指数评价结果

Table2-43　Composite indexes of evaluation results in Panshanzha

指标层	调查数据	指标层数据	状态层	状态层数据	状态层评价
指示物种保持率（0.203）	0.75	0.15225			
珍稀物种保持率（0.454）	0.20	0.0908			
栖境复杂性（0.203）	0.20	0.0406	生态系统组成成分（0.429）	0.176	
斑块破碎度指数（0.05）	1.00	0.05			差（0.339）
景观多样性指数（0.09）	0.86	0.0774			
鱼类丰富度指数（0.25）	0.20	0.05	能量流动（0.429）	0.086	
大型底栖多样性指数（0.75）	0.20	0.15			

续表 2-43

指标层	调查数据	指标层数据	状态层	状态层数据	状态层评价
外来入侵种危害程度（0.875）	0.50	0.4375	服务功能（0.142）	0.077	差（0.339）
水生生境干扰指数（0.125）	0.83	0.10375			

17. 曙光大桥

依据选取的 9 个指标对曙光大桥进行生物完整性评价，其调查数据与评价结果如下（表 2-44）。

表 2-44　曙光大桥指标层数据
Table2-44　Composite indexes of evaluation results in Shuguangdaqiao

编号	指标层数据	调查数据
1	指示物种保持率	0.50
2	珍稀物种保持率	0.20
3	栖境复杂性	1.00
4	斑块破碎度指数	1.00
5	景观多样性指数	0.89
6	鱼类丰富度指数	0.20
7	大型底栖多样性指数	0.85
8	外来入侵种危害程度	0.52
9	水生生境干扰指数	0.89

由表 2-45 可知曙光大桥生物完整性评价总体处于"良"水平，其中生态系统组成成分评价为"一般"，能量流动评价结果为"良"，服务功能评价结果为"一般"。

表 2-45　曙光大桥综合指数评价结果

Table 2-45　Composite indexes of evaluation results in Shuguangdaqiao

指标层	调查数据	指标层数据	状态层	状态层数据	状态层评价
指示物种保持率（0.203）	0.50	0.1015			
珍稀物种保持率（0.454）	0.20	0.0908			
栖境复杂性（0.203）	1.00	0.203	生态系统组成成分（0.429）	0.225	
斑块破碎度指数（0.05）	1.00	0.05			
景观多样性指数（0.09）	0.89	0.0801			良（0.601）
鱼类丰富度指数（0.25）	0.20	0.05	能量流动（0.429）	0.295	
大型底栖多样性指数（0.75）	0.85	0.6405			
外来入侵种危害程度（0.875）	0.52	0.457625	服务功能（0.142）	0.080	
水生生境干扰指数（0.125）	0.89	0.11125			

　　辽河保护区生物完整性情况以"良"为主，其中三河下拉、哈大高铁、双安桥、汛河、石佛寺、马虎山大桥、满都户、红庙子、曙光大桥评价为"良"；福德店、通江口和蔡牛评价为"优"；巨流河、毓宝台、达牛和大张评价为"一般"；盘山闸评价为"差"。

　　辽河保护区生物完整性总体上表现为"良"，但有些区域受到人为干扰较为严重。由图 2-1（彩图 2-1）可知，盘山闸生物完整性评价结果相对较差,与近期双台子河闸的建设有一定关系;另外,像达牛地区以沙土为主,植物多样性相对较低,且地处大万渡口,车辆、人流流量较大,生境干扰受到严重影响(或严重干扰)。

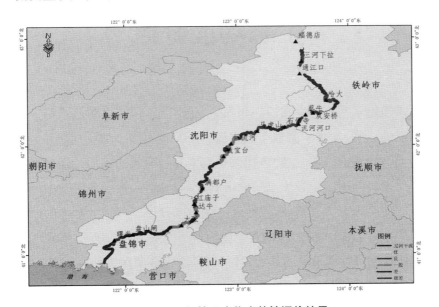

图 2-1　辽河保护区生物完整性评价结果

Fig.2-1　Evaluation results of biological integrity in Liaohe conservation

第3章 辽河保护区生态功能分区

经历了 7 年的生态治理与保护,辽河的水体污染防治取得了突破性的进展,实现了流域干流水质(COD)消灭劣 V 类的目标,生态环境得到快速改善,生物多样性得到恢复和有效的保护。辽河保护区生态功能分区是在生态功能区划分的基础上,按照各生态小区的不同功能进行分类,以实现对辽河保护区分区、分级、分时段的严格保护和科学合理利用,目的在于巩固辽河的生态治理成果,实现区域经济社会可持续发展的长远目标,为科学合理地保护利用辽河资源,逐步恢复辽河生态完整性和自然风貌提供科学依据。

3.1 辽河保护区生态功能分区研究现状

近年来,我国已基本完成了陆地生态功能区和淡水水域的生态功能区的划分工作,孟伟等(2007)基于辽河流域所处地形、降水等特点开展辽河流域水生态分区研究。辽河保护区归属于辽中辽南少水一级区下包含的上辽河 – 冲积平原 – 少水区、下辽河 – 平原农作物 – 少水区和辽河口 – 海积平原 – 少水区三个二级水生态区内。李翔等(2013)在孟伟等人的研究基础上将辽河保护区划分为 8 个河

段,即福德店 – 铁岭河段、铁岭市河段、铁岭 – 石佛寺河段、石佛寺水
库河段、石佛寺 – 柳河河段、柳河 – 盘山闸河段、盘锦市河段、盘锦
市 – 柳河口河段(图 3–1,彩图 3–1)。

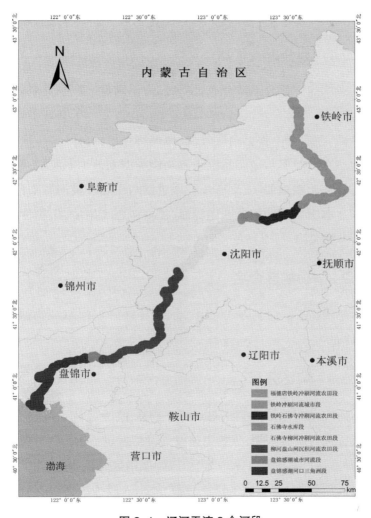

图 3–1　辽河干流 8 个河段

Fig.3–1　Eight reaches distribution of Liaohe conservation

3.2　研究方法

3.2.1　划分理论依据

生态功能区化分系统分 3 个等级,为了满足宏观指导与分级管理的需要,必须对自然区域开展分级区划。首先以生态环境综合区划为基础,在宏观上根据自然气候、地理特点划分自然生态区;其次根据生态系统类型与生态系统服务功能类型划分生态亚区;最后根据生态服务功能重要性、生态环境敏感性与生态环境问题划分生态功能区。本次生态功能分区划界时,主要考虑了生境、生物种类、生态建设等相关因子(李昌花,2013)。

3.2.2　功能区命名

生态功能小区命名方式采用“地名(县、村) + 生境(或物种) + 生态建设”的方式。

3.2.3　聚类分析

本研究采用系统聚类法对辽河保护区 17 个监测点生物完整性评价指标进行个案聚类,生物完整性评价指标包括指示物种保持率、珍稀物种保持率、栖境复杂性、斑块破碎度指数、景观多样性指数、鱼类丰富度指数、大型底栖多样性指数、外来入侵种危害程度、水生生境干扰指数等,其聚类结果根据河段所在行政区域经济发展特点适当调整。

3.3　研究结果与分析

结合辽河保护区生物完整性评价、实地调查和专家论证结果,以河流生态系统的连续性和河流功能的完整性为基础,初步将辽河保护区划分为 4 个生态功能区:一般控制区、生态旅游开放区、湿地生态功能区、生物多样性保育区。其功能区定义如下。

一般控制区:控制支流、排干入干流河口水质污染和垃圾等进入河流及封育区至保护区边界范围内面源污染。目的是确保干支流水质达标,维护封育区内生态安全。范围初步确定为入辽河保护区的支流及排干上溯 5 ~ 10 km 范围内及两岸 20 m 河岸缓冲带范围,封育区内没有划入其他生态功能区的区域、保护区内封育区外至保护区边界范围内的滩地、护堤林等属于此控制区范围内。由于一般控制区在封育区外,这里不再细分小区。

生态旅游开放区:在严格保护辽河生态环境的基础上,为满足人们对生态文化、历史文化传承、生态旅游、休闲娱乐、亲水戏水及垂钓等需要,在辽河保护区内重要交通节点、水利工程、渡口等周边地区人类活动较为频繁地区适度开放的区域。该生态功能区内可根据环境条件采取适宜的手段对环境进行改造,开展与当地环境相容性高的旅游活动,如设立生态文明宣传教育区、垂钓区、建设休闲设施、临时帐篷区、停车区等。

湿地生态功能区:是指保护区内面积较大的人工湿地或天然湿地。该区域内为多种鸟类的觅食、繁殖地,多种鱼类索饵、产卵区,同时具有较高的景观价值。本区内可根据环境条件采取适宜的手段不断提升生境质量,本区需设定功能界限,控制人类活动远离湿地植物群落。可以通过修建栈道、观景台等设施开展生态景观旅游。在鸟类繁殖期、迁徙鸟停歇取食期和鱼类产卵期实行严格的准入制度,做好分时段管理,确保生物不受人为干扰。

　　生物多样性保育区:也称为绝对保护区,是指辽河保护区指示生物或国家保护生物集中分布区。该区域生境脆弱,一旦被破坏,其生态系统极易崩溃。生物保护区采取封闭管理措施,区内禁止除科学研究外的任何人工设施,并在生物敏感季节禁止人类活动。

　　利用系统聚类法将辽河保护区生物完整性指标数据(表 3-1)进行聚类分析,聚类结果如图 3-2 所示。

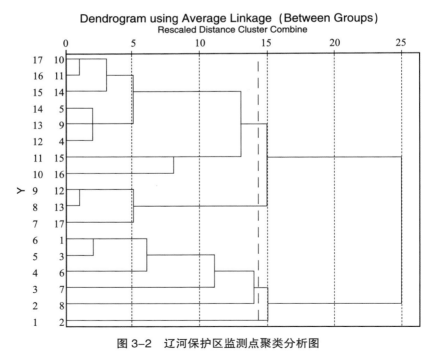

图 3-2　辽河保护区监测点聚类分析图

Fig.3-2　Clustering analysis of Liaohe conservation area

表3-1　辽河保护区生物完整性指标数据
Table3-1 The data of biological integrity of Liaohe conservation area

监测点名称	指示物种保持率	珍稀物种保持率	栖境复杂性	斑块破碎度	景观多样性	鱼类丰富度指数	大型底栖多样性指数	外来入侵物种危害程度	水生生境干扰指数
福德店	1.00	0.85	1.00	1.00	0.90	0.80	0.63	0.90	0.95
三河下拉	0.50	0.60	0.60	1.00	0.89	1.00	0.93	0.80	0.87
通江口	1.00	1.00	1.00	1.00	0.88	1.00	0.63	0.70	0.90
哈大高铁	0.50	0.40	0.20	1.00	0.88	0.60	0.89	0.60	0.91
双安桥	0.50	0.20	0.50	1.00	0.87	0.60	0.89	0.65	0.89
蔡牛	1.00	0.85	1.00	1.00	0.89	0.60	0.88	0.50	0.88
汎河	0.50	1.00	1.00	1.00	0.87	0.40	0.69	0.80	0.90
石佛寺	1.00	0.80	0.50	0.8	0.85	0.40	1.00	0.60	0.87
马虎山	0.50	0.40	0.50	1.00	0.87	0.40	1.00	0.50	0.91
巨流河	0.50	0.20	0.50	1.00	0.89	0.20	0.85	0.550	0.92
毓宝台	0.50	0.00	0.50	1.00	0.90	0.20	0.99	0.60	0.92
满都户	0.75	0.40	1.00	0.80	0.89	0.20	0.86	0.75	0.92
红庙子	1.00	0.40	1.00	0.80	0.89	0.20	0.74	0.63	0.92
达牛	0.50	0.20	0.20	1.00	0.86	0.20	1.00	0.41	0.85
大张	1.00	0.20	0.50	1.00	0.89	0.20	0.69	0.47	0.90
盘山闸	0.75	0.20	0.20	1.00	0.86	0.20	0.20	0.50	0.83
曙光大桥	0.50	0.20	1.00	1.00	0.89	0.20	0.85	0.52	0.89

由聚类分析结果可知:第一类包括三河下拉,第二类包括福德店、通江口、蔡牛、汎河、石佛寺;第三类包括满都户、红庙子、曙光大桥;第四类包括哈大高铁、双安桥、马虎山、巨流河、毓宝台、达牛、大张、盘山闸。对以上各监测点进行逐个分析,得表3-2。

表3-2　聚类分析初步结果
Table 3-2　The initial results of clustering analysis

类别	代号	监测点名称	说明
一类	2	三河下拉	临近康平县"辽代佛塔",可开发旅游项目,另有"辽河大拐弯"自然风景
二类	1	福德店	鸟类多样性丰富,另有观鸟台特有建筑,以生物多样性保护为主,适度进行生态旅游建设
	3	通江口	河口湿地景观,生物多样性丰富,临近辽宁省"锡伯族"集聚地,以生物多样性与湿地保护为主,适当进行生态旅游建设
	6	蔡牛	生物多样性、湿地保护为主,旅游建设为辅
	7	汎河	两河交汇处,生物多样性、湿地保护为主
	8	石佛寺	生物多样性丰富,七星景观湿地,以生物多样性与湿地保护为主,适当进行旅游建设
三类	12	满都户	生态旅游建设为主,生物多样性保护为辅
	13	红庙子	生态旅游建设为主,生物多样性保护为辅
	17	曙光大桥	湿地、生物多样性保护为主
四类	4	哈大高铁	湿地、生物多样性保护为主,临近"锡伯族"集聚地,生态旅游建设为辅
	5	双安桥	城市景观生态旅游建设为主,湿地、多样性保护为辅
	9	马虎山	生物多样性保护为主,生态旅游建设为辅
	10	巨流河	生态旅游建设
	11	毓宝台	生态旅游建设
	14	达牛	生态旅游建设

续表 3-2

类别	代号	监测点名称	说明
四类	15	大张	生态旅游建设
	16	盘山闸	生态旅游建设为主,生物多样性保护为辅

　　根据辽河保护区生物完整性评价结果以及沿岸经济发展格局将辽河保护区划分为一般控制区、生态旅游开放区、湿地生态功能区和生物多样性保育区四个生态功能区下的 19 个生态功能小区。辽河保护区生态功能小区划分时,在保证生态系统完整性的前提下,尽量突出各河段的主导功能。另外考虑到各河段沿岸村落经济发展情况,对其主导功能类型进行适当调整,结果如表 3-3 所示。

表 3-3　辽河保护区流经区县编号
Table 3-3　The number of county through Liaohe conservation

行政区	编号	行政区	编号
昌图县	A	新民市	H
康平县	B	辽中县	I
法库县	C	台安县	J
铁岭县	D	盘山县	K
开原县	E	兴隆台区	L
银州区	F	双台子区	M
沈北新区	G	大洼县	N

　　1. 福德店东西辽河交汇处生物多样性保育区

　　范 围:本 区 地 理 坐 标:西 123°32.096' E,42°59.133' N;东 123°33.675' E,42°59.062' N;北 123°32.236' E,42°59.316' N;南 123°32.709' E,42°58.730' N。本区总面积为 0.887 km², 其中, 康平县

境内 0.734km²,昌图县境内 0.152km²。

小区类型:生物多样性保育区(图 3-3,彩图 3-2)。

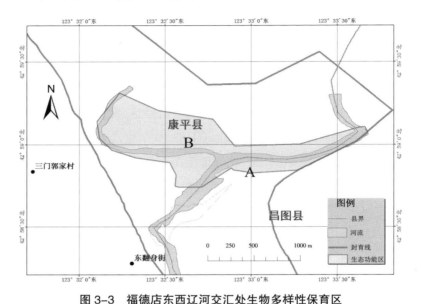

图 3-3　福德店东西辽河交汇处生物多样性保育区
Fig.3-3　Biodiversity conservation areas in the junction of eastern and western liaohe river

生态功能:维持湿地植物生境,为早春候鸟提供停歇觅食地,提供水禽(留鸟)繁殖地,鱼类产卵场、索饵地 。

主要保护对象:早春候鸟反嘴鹬、赤麻鸭、绿头鸭、鸿雁;猛禽:纵纹腹小鸮、阿穆尔隼;鱼类:银鱼;水生植物群落、湿地植物群落。

重点任务:作为重要生态功能区加以保护和建设,制定有效的生态系统保育措施,如在生态敏感地区建立固定观测点等生态安全监测预警系统;禁止各种破坏生态环境的行为。

其他相关任务:候鸟迁徙期部分区域限制人员出入,可投放部分食物;防治入侵植物,监测入侵植物;注重生态系统完整性,在不影响防洪的前提下应在非生物因子和生态过程等方面加强生态系统完整性建设,同时加强防火措施,打造防火通道。调查、记录和监测国家重点保护和省级保护的野生动植物的种类,种群现状、动态分布和生境。重视生物多样性,制订生物多样性保护和管理计划,将生物多样性纳入监测内容。设有生物多样性保护专职人员及咨询专家。

建设程度:禁止开放。

2.福德店观鸟台生态旅游开放区

范围:本区地理坐标:西 123°32.096′ E,42°59.133′ N;东 123°33.675′ E,42°59.062′ N;北 123°32.236′ E,42°59.316′ N;南 123°32.709′ E,42°58.730′ N。本区总面积为 0.887 km²,其中,康平县境内 0.734 km²,昌图县境内 0.152 km²。

小区类型:生态旅游开放区(图3-4,彩图3-3)。

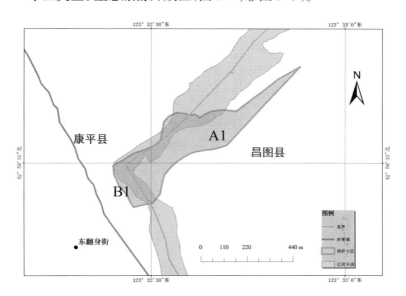

图3-4　福德店观鸟台生态旅游开放区

Fig.3-4　Ecological tourism area with bird observatory in Fudedian

生态功能:提供清洁空气、水体、植被等生态产品;宣传生物多样性保护,生态文化教育体验。

主要保护对象:河岸带湿地生态环境。

重点任务:加强生态产品的保护,遏止破坏性的开放,保障生态产品的永续利用。引导生态文明建设;合理利用风景旅游资源,科学测算旅游环境容量,其性质、布局、规模、造型、色彩等必须与周围自然景观协调。

其他相关任务:采取生态友好方式,开展生态体验、生态教育、生态认知等相关生态建设项目。保持生态系统本土性,禁止或慎用外来物种,防止生物入侵,保护原生的乡土植物群落,防止生态环境退化。结合生态文明建设项目,进行适宜生境的扩大设计。控制夜间照明和噪声,保持天空的自然黑暗,避免惊扰野生动物。注意防洪,加强防火措施。

建设程度:一定范围内可开展生态文明相关建设。

3. 背河－前王家坨子湿地生物多样性保育区

范围:本区地理坐标:西 123°33.266′E,42°57.033′N;东 123°36.162′E, 42°52.423′N;北 123°33.493′E,42°57.197′N;南 123°35.884′E, 42°52.158′N。本区位于昌图县境内,总面积 7.976 km²。

小区类型:生物多样性保育区(图 3-5,彩图 3-4)。

生态功能:湿地植物生境、早春候鸟停歇觅食。

主要保护对象:湿地植物群落;鱼类;鸟类,小天鹅、纵纹腹小鸮、绿头鸭、赤麻鸭、白眉鸭、凤头麦鸡、灰头麦鸡;原生植物,罗布麻、华黄芪。

重点任务:保持河道蜿蜒性,河道清淤。

其他相关任务:调查、记录和监测国家重点保护和省级保护的野生动植物的种类,种群现状、动态分布和生境。候鸟迁徙期部分区域限制人员出入,可投放部分食物;防治入侵植物;注重生态系统完整性,在不影响防洪的前提下应在非生物因子和生态过程等方面加强生态系统完整性建设。

建设程度:禁止开放。

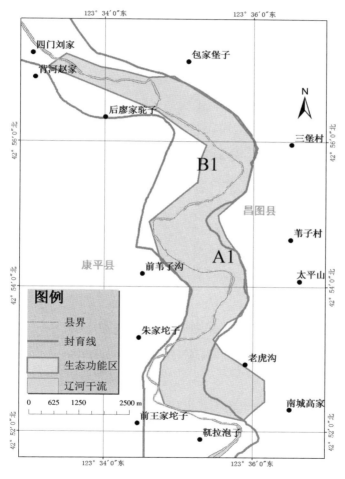

图 3-5　背河 - 前王家坨子生物多样性保育区

Fig.3-5　Biodiversity conservation areas in Beihe–Qianwangjiatuozi

4. 南城高家渡口生态旅游开放区

范围: 本区地理坐标: 西 123°35.147'E, 42°52.196'N; 东 123°36.060'E, 42°51.926'N; 北 123°35.466'E, 42°52.203'N; 南 123°35.420'E, 42°51.583'N。本区总面积为 0.834 km², 其中, 康平县境内 0.587 km², 昌图县境内 0.246km²。

小区类型: 生态旅游开放区(图 3-6, 彩图 3-5)。

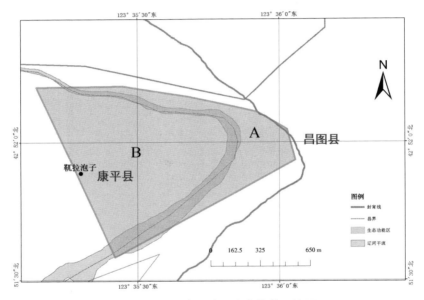

图 3-6　南城高家渡口生态旅游开放区

Fig.3-6　Ecological tourism area in Nanchenggaojia ferry

生态功能: 宣传生物多样性保护, 生态文化教育体验, 提供人类休憩环境。

主要保护对象: 猛禽及河岸带生境。

重点任务: 引导休憩绿地的开放与建设, 协调好开放区域与封育期的关系,禁止各种破坏生态环境的行为。

其他相关任务:加强生态文明宣传教育。结合生态文明建设项目,进行适宜生境的扩大设计。保持生态系统本土性,禁止或慎用外来物种,防止生物入侵,保护原生的乡土植物群落,防止生态环境退化。

建设程度:一定范围内可开展生态文明相关建设。

5.于家－前新湿地生物多样性保育区

范围:本区地理坐标:西 123°42.777'E,42°34.501'N;北 123°34.721'E,42°35.852'N;南 123°49.233'E,42°44.709'N;东 123°5.459'E,42°58.349'N。本区总面积为 4.389 km²,其中,昌图县境内 5.702 km²,康平县境内 3.560km²。

小区类型:生物多样性保育区(图 3-7,彩图 3-6)。

生态功能:湿地植物生境、早春候鸟停歇觅食,水禽(留鸟)繁殖,以河蚌为主要物种的软体动物生境。

主要保护对象:鸟类:小天鹅、纵纹腹小鸮、绿头鸭、赤麻鸭、白眉鸭、凤头麦鸡;多种鱼类;河蚌等软体动物。

重点任务:加强封育区外湿地保护,建立鱼类产卵场、索饵场,湿地植物群落。

其他相关任务:加强老虎沟封育区外湿地保护,采取相应措施加强前新河心洲保护。

建设程度:禁止开放。

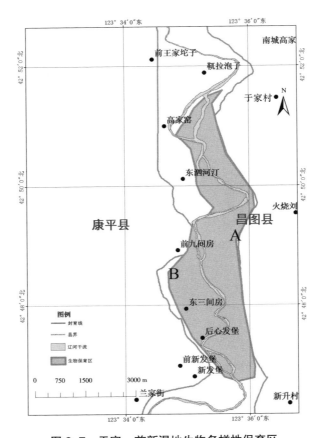

图 3-7　于家 – 前新湿地生物多样性保育区

Fig.3-7　Welt and biodiversity conservation areas in Yujia–Qianxin

6. 前新渡口区生态旅游开放区

范围: 本区地理坐标: 西 123°34.750' E, 42°46.434' N; 东 123°36.087' E, 42°46.566' N; 北 123°35.447' E, 42°46.820' N; 南 123°35.409' E, 42°46.120' N。本区总面积为 1.369 km², 其中, 康平县境内 0.829 km², 昌图县境内 0.540 km²。

小区类型: 生态旅游开放区(图 3-8, 彩图 3-7)。

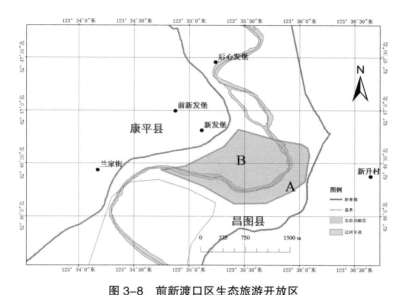

图 3-8 前新渡口区生态旅游开放区

Fig.3-8 Ecological tourism area in Qianxin ferry

生态功能：提供生态旅游环境。

主要保护对象：猛禽及河岸带生境。

重点任务：引导休憩绿地的开放与建设，协调好开放区域与封育期的关系，禁止各种破坏生态环境的行为。

其他相关任务：结合生态文明建设项目，进行适宜生境的设计。保持生态系统本土性，禁止或慎用外来物种，防止生物入侵，保护原生的乡土植物群落，防止生态环境退化。

建设程度：范围内可开展生态文明相关建设。

7. 兰家街－老山头－何家屯湿地生物多样性保育区

范围：本区地理坐标：西 123°33.191' E, 42°43.455' N；东 123°35.322' E, 42°40.747' N；北 123°34.671' E, 42°46.339' N；南 123°34.640' E, 42°40.353' N。本区总面积为 12.328 km², 其中, 昌图

县境内 7.581 km²,康平县境内 4.746 km²。

小区类型:生物多样性保育区(图 3-9,彩图 3-8)。

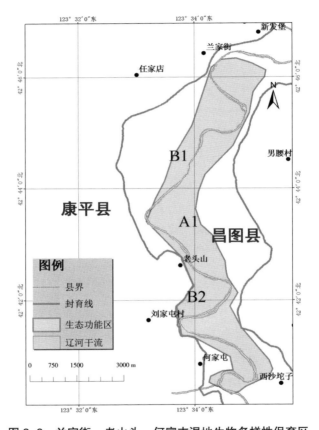

图 3-9　兰家街 - 老山头 - 何家屯湿地生物多样性保育区
Fig.3-9　Welt and biodiversity conservation areas in Lanjiaje–Laoshantou–Hejiatun

生态功能:湿地植物生境、早春候鸟停歇觅食,水禽(留鸟)繁殖地,鱼类产卵场、索饵地。

主要保护对象:鸟类:绿头鸭、赤麻鸭、灰头麦鸡、鸿雁、猛禽;植物群落:碱毛茛属植物、灯心草属植物、罗布麻、华黄蓍。

重点任务：春季禁牧，夏季轮牧；营造人工湿地。

其他相关任务：调查、记录和监测国家重点保护和省级保护的野生动植物的种类，种群现状、动态分布和生境。防治入侵植物；注重生态系统完整性，在不影响防洪的前提下应在非生物因子和生态过程等方面加强生态系统完整性建设。

建设程度：禁止开放。

8. 青龙山 – 小塔子 – 神树子生态旅游开放区

范　围：本区地理坐标：西 123°34.091' E，42°40.440' N；东 123°37.809' E，42°38.335' N；北 123°36.523' E，42°40.716' N；南 123°37.668' E，42°38.300' N。本区总面积为 4.214 km²，其中，康平县境内 2.73870559111 km²，昌图县境内 1.181 km²，法库县境内 0.295 km²。

小区类型：生态旅游开放区（图 3-10，彩图 3-9）。

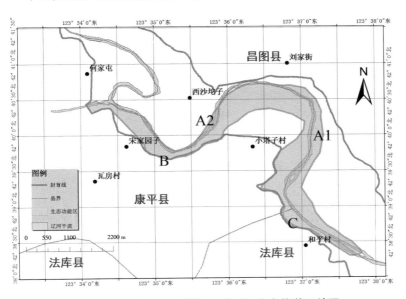

图 3-10　青龙山 – 小塔子 – 神树子生态旅游开放区

Fig.3-10　Ecological tourism area in Qinglongshan-Xiaotazi-Shenshuzi

生态功能：提供生态文明体验，构造生态旅游环境。

主要保护对象：三河汇合地质景观；河心洲软体动物生境。

重点任务：开展生态文明旅游活动，建立"辽河大拐弯"景观塔。测算旅游环境容量，其性质、布局、规模、造型、色彩等必须与周围自然景观协调。

其他相关任务：加强青龙山生态旅游景观区建设；以辽塔为核心进行辽代历史文化建设；以和平橡胶坝为中心建设神树子生态旅游休闲区；保护宋家园子河心洲，维持软体动物生境；加强孟家渡口、刘家街渡口生态文建设；加固刘家街河道险工。

建设程度：一定范围内可开展生态文明相关建设及水利险工建设。

9. 招苏台河－亮子河－清河－柴河河口－湿地生态功能区

范围：本区地理坐标：西 123°38.491'E，42°37.760'N；东 123°46.575'E，42°31.014'N；北 123°39.401'E，42°37.902'N；南 123°45.861'E，42°30.532'N。本区总面积为 24.600 km²，其中，法库县境内 9.9219 km²，昌图县境内 7.645 km²，开原市境内 5.809 km²，铁岭县境内 1.225 km²。

小区类型：湿地生态功能区（图 3-11，彩图 3-10）。

生态功能：蓄水调洪、调节气候、净化水体、控制土壤侵蚀、保护生物多样性。

主要保护对象：湿地生态系统。

重点任务：加强河口区湿地建设，丰富湿地植物多样性。

其他相关任务：繁殖地、栖息地，可适当建设生态修复设施；可在部分区域建立观景台与栈道；生态修复过程应减少木本植物种植，宜选用多年生草本。防治外来入侵植物。加强老米沟渡口、西老村渡口、英守渡口生态文明建设。打造锡伯文化带。

建设程度：一定范围内可开展生态文明相关建设。

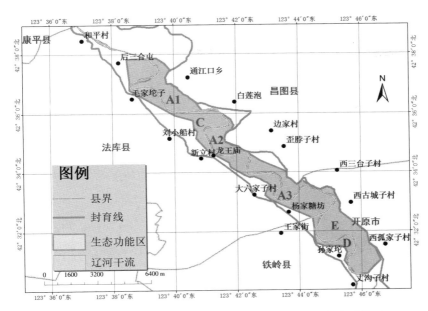

图 3-11　招苏台河 – 亮子河 – 清河 – 柴河河口湿地生态功能区
Fig.3-11　Welt ecological regionalization in Zhaosutai river–Liangzi river–
Qing river–Chai river estuary

10. 铁岭城市景观生态旅游开放区

范围: 本区地理坐标: 东123°50.393'E, 42°19.375'N; 北123°49.999'E, 42°19.817'N; 南123°43.923'E, 42°17.226'N; 西123°39.511'E, 42°18.752'N。本区总面积为 16.1431 km², 其中, 银州区境内 1.657 km², 铁岭县境内 14.486km²。

小区类型: 生态旅游开放区(图 3-12, 彩图 3-11)。

生态功能: 调节气候、净化水体、控制土壤侵蚀、保护生物多样性。

主要保护对象: 湿地生态系统。

重点任务: 维护封育区, 河道清淤, 构建近水生态旅游场所。

其他相关任务: 马蓬沟渡口历史文明建设。

建设程度:一定范围内可开展生态文明相关建设。

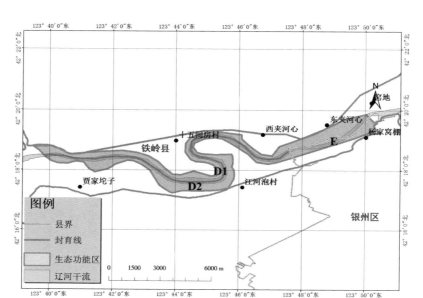

图3-12　铁岭城市景观生态旅游开放区

Fig.3-12　Urban landscape and ecological tourism area in Tieling

11. 石佛寺生物多样性保育区

范围:本区地理坐标:西123°25.871'E,42°10.282'N;东123°32.569'E,42°10.675'N;北123°29.731'E,42°11.817'N;南123°29.731'E,42°8.891'N。本区总面积为28.776 km²,其中沈北新区境内18.306 km²,铁岭县境内7.101 km²,法库县境内3.368 km²。

小区类型:生物多样性保育区(图3-13,彩图3-12)。

生态功能:湿地生态系统,早春鸟类栖地,水禽繁殖地。

主要保护对象:水生植物有芦苇、香蒲;鱼类有鲢鱼、草鱼、鳙鱼、鲤鱼、鲶鱼、黄幼鱼、葛氏沙塘鲤等;鸟类有红隼、美洲隼、白尾鹞等;

水禽有白鹭、大白鹭、绿头鸭、白眉鸭、赤麻鸭等。

重点任务：维护封育区。

其他相关任务：防治入侵植物。

建设程度：禁止开放。

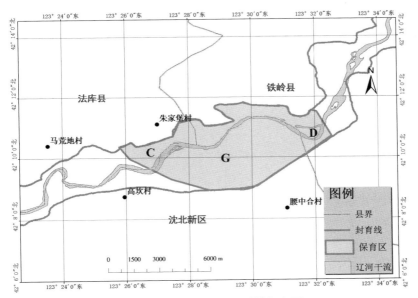

图 3-13　石佛寺生物多样性保育区

Fig.3-13　Biodiversity conservation areas in Shifosi

12. 沈北新区生态旅游开放区

范围：本区地理坐标：西 123°24.139′E，42°8.808′N；东 123°27.234′E，42°9.213′N；北 123°26.191′E，42°9.886′N；南 123°24.195′E，42°8.691′N。本区总面积为 4.391 km²，其中，沈北新区境内 3.097 km²，法库县境内 1.294 km²。

小区类型：生态旅游开放区（图 3-14，彩图 3-13）。

生态功能：早春候鸟停歇觅食，水禽（留鸟）繁殖，鱼类索饵、产卵地。

主要保护对象:苍鹭、东方白鹳、白鹭,湿地生态系统。

重点任务:建立观景台栈道;保持河道蜿蜒性,保持河边浅滩;建立简单休憩设施,严格保护七星湿地生物多样性。

其他相关任务:河道清淤;保护生物多样性,种植多年生草本植物,防治入侵植物;加强三尖泡渡口、三面船渡口生态文明建设;加强七星山历史文明建设,宣传生态保护。

建设程度:一定范围内可开展生态文明相关建设。

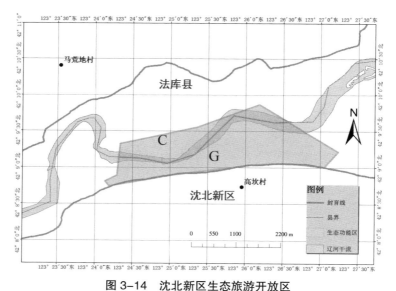

图 3-14　沈北新区生态旅游开放区

Fig.3-14　Ecological tourism area in Shenbeixinqu

13. 马虎山生物多样性保育区

范围:本区地理坐标:西 122°59.736′E,42°4.312′N;东 123°10.908′E, 42°7.702′N;北 123°9.694′E,42°8.076′N;南 122°59.879′E,42°3.758′N。本区位于新民市,总面积为 25.282 km²。

小区类型:生物多样性保育区(图 3-15,彩图 3-14)。

生态功能:早春鸟类停歇地。

主要保护对象:早春鸟类。

重点任务:早春严禁人类干扰,种植多年生湿生植物。

其他相关任务:防治入侵植物。

建设程度:禁止开放。

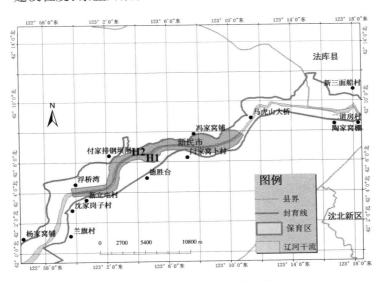

图 3-15 马虎山生物多样性保育区

Fig.3-15 Biodiversity conservation areas in Mahushan

14. 新民城市景观生态旅游开放区

范围:本区地理坐标:西 122°58.076'E,42°0.689'N;东 123°0.004'E,42°3.383'N;北 122°58.790'E,42°4.828'N;南 122°59.004'E,42°0.545'N。本区总面积为 13.611 km²,属新民市。

小区类型:生态旅游开放区(图 3-16,彩图 3-15)。

生态功能:调节气候、净化水体、控制土壤侵蚀、保护生物多样性。

主要保护对象:河岸带生态环境。

重点任务：构造生态旅游环境。

其他相关任务：可建设河道演变生态旅游区，湿地景观生态旅游区；河心洲严禁捕捞软体动物；监测入侵生物。

建设程度：一定范围内可开展生态文明相关建设。

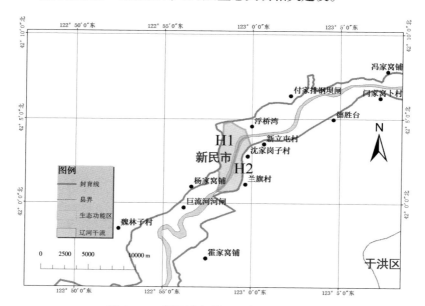

图 3-16　新民城市景观生态旅游开放区

Fig.3-16　Urban landscape and ecological tourism area in Xinmin

15. 柳河口水土保持生态旅游开放区

范围：本区地理坐标：西 122°50.060'E，41°54.096'N；东 122°52.885'E，41°53.073'N；北 122°50.044'E，41°54.143'N；南 122°51.272'E，41°50.617'N。本区总面积为 8.647 km²，属新民市。

小区类型：生态旅游开放区（图 3-17，彩图 3-16）。

生态功能：控制入辽河泥沙。

主要保护对象：河道及河岸生境。

重点任务：水土保持，营建湿地生境。

其他相关任务：种植水土保持植物，保护河岸生物多样性。

建设程度：一定范围内可开展生态文明相关建设。

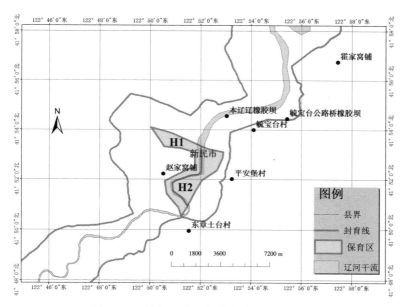

图 3-17　柳河口水土保持生态旅游开放区

Fig.3-17　Ecological tourism area with water and soil conservation function in Liuhe estuary

16. 东章士台 - 满都户 - 大张生态旅游开放区

范围：本区地理坐标：西 122°36.194' E，41°19.497' N；东 122°50.620' E，41°50.601' N；北 122°50.648' E，41°50.599' N；南 122°36.845' E，41°18.605' N。本区总面积为 217.176 km²，其中，辽中县境内 118.161 km²，新民市境内 55.303 km²，台安县境内 43.711 km²。

小区类型：生态旅游功能区（图 3-18，彩图 3-17）。

生态功能：旅游生态环境。

主要保护对象:河岸带生物多样性。

重点任务:建设河岸带森林浴场、河流消落带植物区、生态采摘、河道清淤,开展亲水、近水生态旅游活动。

其他相关任务:三道岗子渡口、达牛渡口生态文明宣传教育设施,同时监测入侵生物。

建设程度:一定范围内可开展生态文明相关建设。

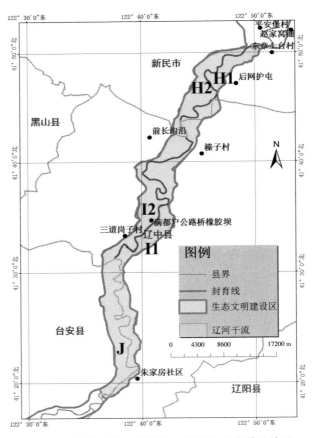

图 3-18 东章士台 - 满都户 - 大张生态旅游开放区

Fig.3-18 Ecological tourism area in Dongzhangshitai–Manduhu–Dazhang

17. 盘山闸 – 台安生物多样性保育区

范围:本区地理坐标:西 122° 5.435' E,41° 11.447' N;东 122° 36.613' E,41 ° 18.250' N;北 122 °35.316' N,41 ° 18.631' N;南 122 ° 20.406' E,41° 10.935' N。本 区 总 面 积 为 116.912 km²,其 中,台 安 县 境 内 114.504 km²,辽中县境内 1.374 km²,盘山县境内 52.271 km²。

小区类型:生物多样性保育区(图 3-19,彩图 3-18)。

图 3-19 盘山闸 – 台安生物多样性保育区

Fig.3-19 Biodiversity conservation areas in Panshanzha–Taian

生态功能:湿地生境。

主要保护对象:封育区内生物多样性,辽河刀鲚。

重点任务:保护生物多样性。

其他相关任务:可在盘山闸上游及张家村建设人工湿地,营造湿地生境,建立鱼类洄游通道上,鱼类产卵环境。

建设程度：禁止开放。

18. 盘锦城市景观生态旅游开放区

范围：本区地理坐标：西 121°51.235' E, 41°5.484' N; 东 122°5.469' E, 41°10.381' N; 北 122°4.846' E, 41°11.558' N; 南 121°54.305' E; 41°5.242' N。本区总面积为 42.269 km², 其中, 兴隆台区境内 22.705 km², 盘山县境内 4.093 km², 大洼县境内 6.527 km², 双台子区境内 8.944 km²。

小区类型：生态旅游开放区（图 3-20, 彩图 3-19）。

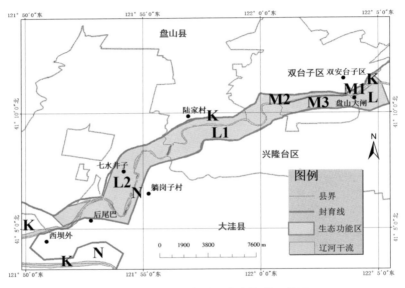

图 3-20　盘锦城市景观生态旅游开放区

Fig.3-20　Urban landscape and ecological tourism area in Panjin

生态功能：调节气候、净化水体, 提供生态旅游、休闲环境。

主要保护对象：湿地景观。

重点任务：建设湿地景观。

其他相关任务:维护湿地生物多样性。

建设程度:一定范围内可开展生态文明相关建设。

19.辽河口湿地生态功能区

范围:本区地理坐标:西121°47.213' E,40°56.517' N;东121°58.074' E,40°57.047' N;北121°48.765' N,41°5.756' N;南121°52.734' E,40°54.163' N。本区总面积为168.380 km²,其中,大洼县境内110.899 km²,盘山县境内57.481 km²。

小区类型:湿地生态功能区(图3-21,彩图3-20)。

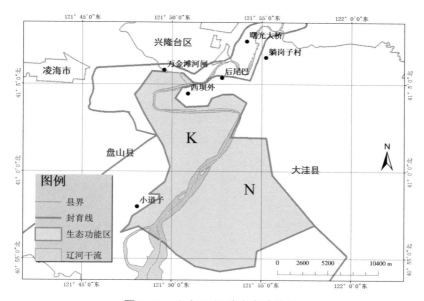

图3-21　辽河口湿地生态功能区

Fig.3-21　Welt ecological regionalization in Liaohe estuarine

生态功能:珍稀鸟类生境。

主要保护对象:湿地植物群落;鸟类:黑嘴鸥、遗鸥、大杓鹬、小白鹭、红嘴巨鸥、反嘴鹬、长翅红脚鹬。

重点任务：维护遗鸥繁殖所需植被,加强对鸟类多样性的监测。

建设程度：禁止开放。

3.4 结   论

本文以辽河保护区内生态环境的敏感性、生态服务功能重要性以及生态环境特征的相似性和差异性作为地理空间分区的重要依据,从生态系统组成成分、能量流动和服务功能 3 个方面选取分区指标,建立辽河保护区生态功能分区的指标体系。将辽河保护区划分为一般控制区、湿地生态功能区、生态旅游开放区和生物多样性保育区 4 个生态功能区下的 19 个生态功能小区。本次水生态功能小区的划分以生物完整性调查结果作为划分依据,不仅为水环境保护提供了参考,更有针对性地应用于生态系统中生物多样性的保护,为大规模的水环境生态系统的保护提供了科学理论依据。

参考文献

1. Odum E P. 孙儒泳等译 . 1982. 生态学基础 [M]. 北京：人民教育出版社 .

2. 陈述彭 . 1983. 地理信息系统的探索与试验 [J]. 地理科学，8(4): 287–302.

3. 崔鹏，徐海根，丁晖，等 . 2013. 我国鸟类监测的现状、问题与对策 [J]. 生态与农村环境学报，29(3): 403–408.

4. 迪力夏提·阿不力孜，艾斯卡尔·买买提，马合木提·哈力克 . 2009. 基 3S 技术的野生动物生境研究进展 [J]. 野生动物杂志，30(6): 335–339.

5. 段亮，宋永会，白琳，等 . 2013. 辽河保护区治理与保护技术研究 [J]. 中国工程科学，15(3): 107–112.

6. 高瑞莲，吴健平 . 2000. 3S 技术在生物多样性研究中的应用 [J]. 遥感技术与应用，15(3): 205–209.

7. 郭帅，赵宏霞 . 2011. 基于生态恢复的植被演替研究进展 [J]. 安徽农业科学，31: 19380–19382.

8. 郭伟，范其阳，可欣，等 . 2014. 辽河保护区干流水体生物毒性诊断与评价 [J]. 生态学杂志，10: 2761–2766.

9. 何兴军，李琦，宋令勇 . 2011. 河流生态健康评价研究综述 [J]. 地下水，33(2): 63–66.

10. 何艳, 徐建明, 施加春. 2003. GIS 在环境保护中的应用现状与发展 [J]. 环境污染与防治, 25(6): 359–360.

11. 黄亮亮, 吴志强, 蒋科, 等. 2013. 东苕溪鱼类生物完整性评价河流健康体系的构建与应用 [J]. 中国环境科学, 7: 1280–1289.

12. 姜英震, 赵福. 2012. 辽宁省辽河保护区辽河河流功能转变探讨 [J]. 华北水利水电学院学报 (社科版), 3: 11–13.

13. 蓝荣钦, 李淑霞, 刘阳, 等. 2004. 地理信息系统的发展现状和趋势 [J]. 地理空间信息, 2(1): 8–11.

14. 黎夏. 1997. 利用遥感与 GIS 对农田损失的监测及定量评价 [J]. 地理学报, 52(3): 279–287.

15. 李博, 杨持, 林鹏. 2002. 生态学 [M]. 北京 : 高等教育出版社 : 45–80.

16. 李昌花. 2013. 生态功能保护区生态功能确定及分区原则 [J]. 江西化工, 4: 25–26.

17. 李德仁. 1995. 航天技术在测绘、遥感和地理信息系统中的应用 [J]. 地球科学进展, 10(5): 423–426.

18. 李法云, 范志平, 张博, 等. 2012. 辽河流域水生态功能一级分区指标体系与技术方法 [J]. 气象与环境学报, 5: 83–89.

19. 李浩宇, 颜宏亮, 孟令超, 等. 2013. 河流 – 流域生态系统健康评价研究进展 [J]. 水利科技与经济, 19(9): 1–4.

20. 李华. 2007. 地理信息系统在水污染治理中的应用 [J]. 中国科技信息, 1: 25–26.

21. 李翔, 张远, 孔维静, 等. 辽河保护区水生态功能分区研究 [J]. 生态科学, 6: 744–751.

22. 李忠国. 2013. 稳河势、保水质、促生态——辽河保护区生态

治理实践 [J]. 环境工程技术学报, 6: 465–471.

23. 梁婷, 朱京海, 徐光, 等. 2014. 应用 B- IBI 和 UAV 遥感技术评价辽河上游生态健康 [J]. 环境科学研究, 10: 1134–1142.

24. 刘晓星, 童克难. 2014. 辽河嬗变 [J]. 中国环境报, 01–10006.

25. 刘星才, 徐宗学, 徐琛. 2010. 水生态一、二级分区技术框架 [J]. 生态学报, 17: 4804–4814.

26. 鲁迪, 钱宏胜, 廖秉华. 2014. 白龟山水库湿地生态系统草本植物多样性空间变化规律探究 [J]. 河南科学, 12: 2496–2501.

27. 吕纯剑. 2013. 基于辽宁省辽河流域水生态功能三级分区的河流健康评价 [D]. 沈阳: 辽宁大学.

28. 孟伟, 张远, 张楠, 等. 2013. 流域水生态功能区概念、特点与实施策略 [J]. 环境科学研究, 5: 465–471.

29. 牛晓楠, 盛大勇, 周纪刚, 等. 2014. 植被数量生态学在群落演替中的应用研究 [J]. 广东科技, 18: 140–141.

30. 欧阳志云, 张和民, 谭迎春, 等. 1995. 地理信息系统在卧龙自然保护区大熊猫生境评价中的应用研究 [J]. 中国生物圈保护区, 3: 13–18.

31. 潘百明, 蒋日红, 谢强, 等. 2010. 姑婆山天然植被的种群组成和群落演替分析 [J]. 林业资源管理, 3: 64–68.

32. 潘艳秋, 刘菲. 2009. 3S 技术在鸟类生态学研究中的应用 [J]. 内蒙古环境科学, 21(2): 48–54.

33. 裴雪姣, 牛翠娟, 高欣, 等. 2010. 应用鱼类完整性评价体系评价辽河流域健康 [J]. 生态学报, 30(21): 5736– 5746.

34. 亓莱滨. 2006. 李克特量表的统计学分析与模糊综合评判 [J]. 山东科学, 19(2): 18–23.

35. 秦大河，陈振林，罗勇. 2007. 气候变化科学的最新认知 [J]. 气候变化研究进展，3(2): 63-73.

36. 秦其明，袁胜元. 2001. 中国地理信息系统发展回顾 [J]. 测绘通报，增刊，12-15.

37. 任勃. 2012. 东洞庭湖湿地典型植物群落及其格局主因子分析 [D]. 长沙:湖南农业大学.

38. 任国玉，初子莹，周雅清. 2005. 中国气温变化研究最新进展 [J]. 气候与环境研究，10(4): 701-716.

39. 孙凤华，李丽光，梁红，等. 2012. 1961—2009 年辽河流域气候变化特征及其对水资源的影响 [J]. 气象与环境学报，5:8-13.

40. 孙青，王树森，赵淑文，等. 2014. 辽河流域关门砬子水库入库河口区不同坡位植物群落多样性变化研究 [J]. 内蒙古大学学报 (自然科学版)，6: 591- 598.

41. 孙然好，汲玉河，尚林源，等. 2013. 海河流域水生态功能一级二级分区 [J]. 环境科学，2: 509-516.

42. 涂响，彭剑峰，段亮，等. 2013. 辽河保护区干流自然生境恢复措施研究 [J]. 环境工程技术学报，6: 503- 507.

43. 王家辑. 1961. 中国淡水轮虫志 [M]. 北京 : 科学出版社.

44. 王磊，周云轩. 2002. 21 世纪 GIS 发展趋势及误区分析 [D]. 长春 : 吉林大学地学信息系统研究所，中国科学院长春地理研究所，14: 53-57.

45. 王雅男. 2007. 基于 GIS 平台的外来生物风险评估系统 [D]. 北京 : 中国农业科学院，1-6.

46. 王云才. 2011. 基于景观破碎度分析的传统地域文化景观保护模式——以浙江诸暨市直埠镇为例 [J]. 地理研究，30(1): 10- 22.

47. 温日红，王笑影，吕国红，等. 2013. 辽河保护区生态恢复遥感分析 [J]. 气象与环境学报, 6: 110–115.

48. 吴欢欢，熊夏玲，黄倩雯，等. 2014. 浅谈常规鸟类监测 [J]. 科技致富向导, 17: 271.

49. 吴佳宁，王刚，路献品，等. 2014. 滦河流域浮游生物与底栖动物分布特征调查研究 [J]. 环境保护科学, 6: 1– 6.

50. 武玮，徐宗学，殷旭旺，等. 2014. 渭河流域鱼类群落结构特征及其完整性评价 [J]. 环境科学研究, 9: 981– 989.

51. 许士国，石瑞花，赵倩. 2009. 河流功能区划研究 [J]. 中国科学（E 辑：技术科学）, 9: 1521–1528.

52. 颜忠诚，陈永林. 1998. 动物生境选择 [J]. 生态学杂志, 7(2): 3–49.

53. 燕乃玲，虞孝感. 2003. 我国生态功能区划的目标、原则与体系 [J]. 长江流域资源与环境, 6: 579–585.

54. 张欧阳，卜惠峰，王翠平，等. 2010. 长江流域水系连通性对河流健康的影响 [J]. 人民长江, 41(2): 1– 5.

55. 赵鸽. 2004. GIS 系统的研究与开发[D]. 武汉：武汉理工大学, 1–7.

56. 郑丙辉，张远，李英博. 2007. 辽河流域河流栖息地评价指标与评价方法研究 [J]. 环境科学学报, 27(6): 928– 936.

57. 周晓宇，赵春雨，张新宜，等. 2013. 1961—2009 年辽宁省气温、降水变化特征及突变分析 [J]. 干旱区资源与环境, 10: 87–93.

58. 朱迪，杨志. 2013. 鱼类生物完整性指标在河流健康管理中的应用 [J]. 人民长江, 44(15): 65– 68.

59. Alison H P, Carla F, Vincent H R. 2002. An Assessment of

a Small Urban Stream Restoration Project in Northern California [J]. Restoration Ecology, 10 (4): 685–694.

60. Clemente R H, Cerrillo R M, Gitas I Z. 2009. Monitoring post-fire regeneration in medierranean ecosystems by employing multitemporal satellite imagery[J]. International journal of wildland fire, 18(6): 648–658.

61. Clements F E. Plant Succession: Analysis of the Development of Vegeta-tion[M]. // Washington D. C, USA: Garnegie Institution of Washington, 1916.

62. Pont D, Hugueny B, Beier U, Goffaux D, Melcher A et al. 2006. Assessing river biotic condition at a continental scale : a European approach using functional metrics and fish assemblages[J]. Journal of Applied Ecology, 43 (1): 70–80 .

63. Eric J H, Michael D G, Jean C M. 2011. A GIS approach to prioritizing habitat for restoration using neotropical migrant songbird criteria[J]. Environmental management, 48(1): 150–157.

64. Groves C R. 2003. Drafting a conservation blueprint: a practitioner's guide to planning for biodiversity. Washington DC: Island Press, 8: 243–257.

65. Woong C, Hema K K, Jeong H H, Kwang G A. 2011.The Development of a Regional Multimetric Fish Model Based on Biological Integrity in Lotic Ecosystems and Some Factors Influencing the Stream Health[J]. Water, air, and soil pollution, 217 (1–4): 3–24.

66. Joseph W K, Stephen G B, James C. 2014. Interim responses of benthic and snag– dwelling macroinvertebrates to reestablished flow and habitat structure in the kissmmee river, Florida, U. S. A[J]. Restoration

Ecology, 22(3): 409-417.

67. Karrenberg S, Kollmann J, Edwards P J. 2003. Patterns in woody vegetation along the active zone of a near-natural Alpine river [J]. Basic and Applied Ecology, 4: 157-166.

68. Karr J R. 1996. Ecological integrity, and ecological health are not same[J]. In Schulze P. C. (ed), National Academy of Engineering, Engineering Within Ecological Constraints. National Academy Press, Washington, D C, 8: 243-257.

69. Kenneth L K. 1999. Recent directions and developments in geographical information systems[J]. Journal of archaeological research, 7: 153-201.

70. Krishna P V, Anuradha E, Badarinath K V S. 2009. Fire risk evaluation using multicriteria analysis——a case study[J]. Environmental monitoring and assessment, 166(4): 223-239.

71. Lyon J, Gross N M. 2005. Patterns of plant diversity and plant environmental relationships across three riparian corridors [J]. Forest Ecology and Management, 204: 267-278.

72. Lavoie I, Campeau S, Drakulic N Z, Winter J G, Fortin C. 2014. Using diatoms to monitor stream biological integrity in Eastern Canada:An overview of 10 years of index development and challenges[J]. Science of the Total Environment, 475: 187-200.

73. Lee J H, Kwang G A. 2004. Integrative restoration assessment of an urban stream using multiple modeling approaches with physical, chemical, and biological integrity indicators[J]. Ecological Engineering, 62: 153-167.

74. Leung Y, Lee Y, Lam K C. 1998. An environmental decision system for tidal flow and water quality analysis in the pearl river delta[C]. Proceedings of international conference on modeling geographical and environmental systems with geographical information systems. Hong Kong: Department of Geography, The Chinese University of Hong Kong, 1998, 223–228.

75. Margarita A, Sotirios K, Dimitrios K. 2011. Evaluating post–fire forest resilience using GIS and multicriteria analysis:An example from cape sounion national park, Greece[J]. Environmental management, 47(3): 384–397.

76. Murphy K J, Dickinson G, Thomaz S M. 2003. Aquatic plant communities and predictors of diversity in a subtropical river flood plain: the upper Rio Paran, Brazil [J]. Aquatic Botany, 77: 257–276.

77. Millard K, Redden A M, Webster T, Stewart H. 2013. Use of GIS and high resolution LIDAR in salt marsh restoration site suitabilit assessments in the upper Bay of Fundy, Canada[J]. Wetlands ecol manage, 21(4): 243–262.

78. Odum E P. 1969. The strategy of ecosystem development[J]. Science, 164: 262–270.

79. Pei Liang, Du Liming, Yue Guijie. 2010. Ecological security assessment of Beijing based on PSR model[J]. Proc Environ Sci, 2: 832–841.

80. Rittenhouse C D, Thompson F R, Dijak W D, Millspaugh J J, Clawson R L. 2010. Evaluation of habitat suitability models for forest passerines using demographic data[J]. Journal of wildlife management, 74:

411–422.

81. Su Shiliang, Huang Fang, Chen Xia, Wu Jiaping, Lou Liping. 2010. Integrative fuzzy set pair model for land ecological security assessment: a case study of Xiaolangdi reservoir region, China[J]. Stoch environ res risk assess, 24: 639–647.

82. Su Shiliang, Li Dan, Yu Xiang, Zhang Zhonghao, Zhang Qi, et al. 2011. Assessing land ecological security in Shanghai(China)based on catastrophe theory[J]. Stochastic Environmental Research and Risk Assessment , 25(6): 737–746.

83. Tipcc A R. 2007. Climate Change 2007: Comprehensive Reports[R]. Report of the first, second and third report of Working Group of the Intergovernmental Panel on Climate Change Fourth Assessment. Geneva, Switzerland, 31–45.

84. Twedt D J, Somershoe S G, Hazler K R, Cooper R J. 2010. Landscape and vegetation effects on avian reproduction on bottom land forest restorations[J]. Journal of wildlife management, 74(3): 423–436.

85. Ye Hua, Ma Yan, Dong Limin. 2011. Land ecological security assessment for Bai autonomous prefecture of Dali based using PSR model–with data in 2009 as case[J]. Energy proc, 5: 2172–2177.

86. Yu Guangming , Zhang Shu, Yu Qiwu, Fan Yong, Zeng Qun et al. 2013. Assessing ecological security at the watershed scale based on RS/GIS: a case study from the Hanjiang River Basin[J]. Stochastic Environmental Research and Risk Assessment, 1(6): 1–10.

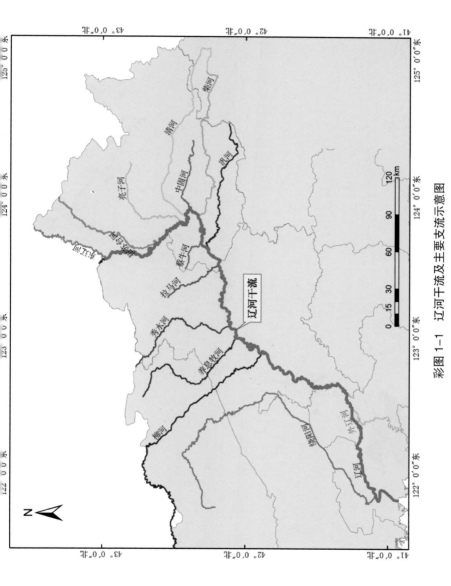

彩图 1-1　辽河干流及主要支流示意图

Fig.1-1　Schematic diagram of Liaohe river and tributaries

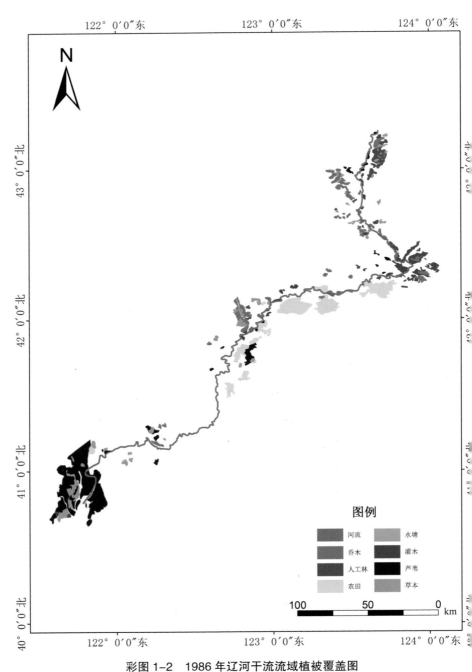

彩图 1-2　1986 年辽河干流流域植被覆盖图

Fig.1-2　The vegetation coverage figure in Liaohe main basin in 1986

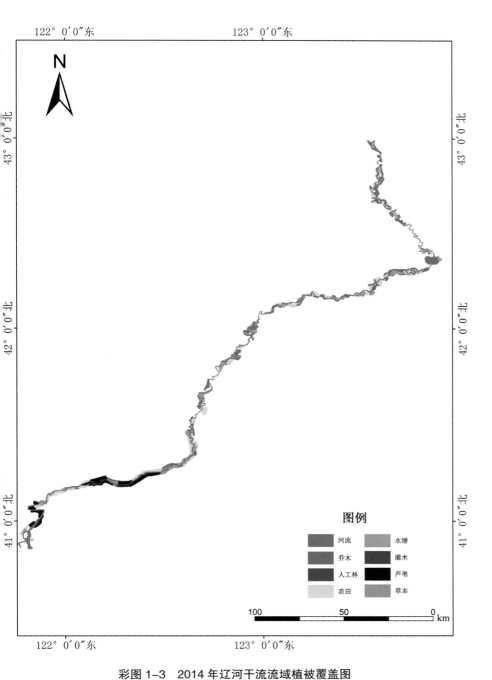

图例

	河流		水塘
	乔木		灌木
	人工林		芦苇
	农田		草本

100   50   0 km

彩图 1-3   2014 年辽河干流流域植被覆盖图

Fig.1-3   The vegetation coverage figure in Liaohe main basin in 2014

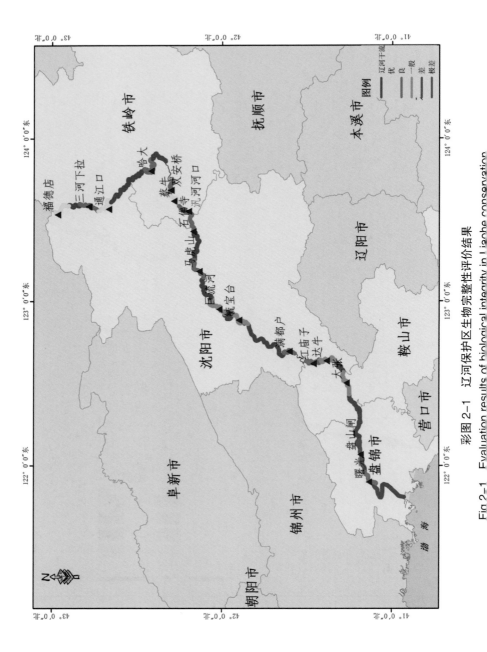

彩图 2-1 辽河保护区生物完整性评价结果

Fig.2-1 Evaluation results of biological integrity in Liaohe conservation

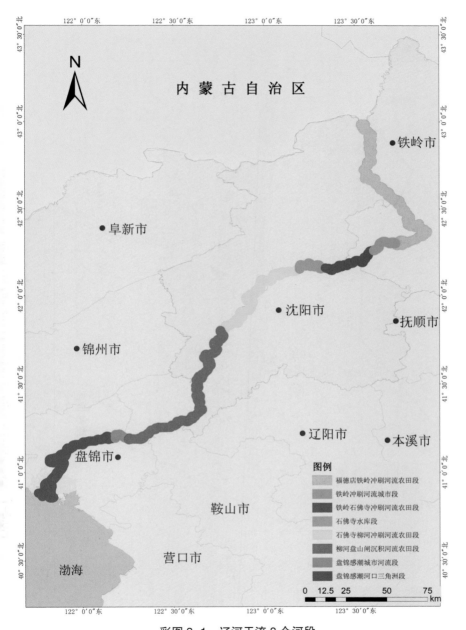

彩图 3-1　辽河干流 8 个河段

Fig.3-1　Eight reaches distribution of Liaohe conservation

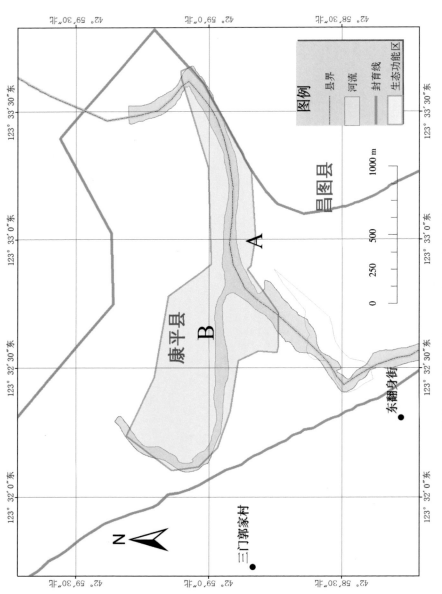

彩图 3-2　福德店东西辽河交汇处生物多样性保育区

Fig.3-2　Biodiversity conservation areas in the junction of eastern and western liaohe river

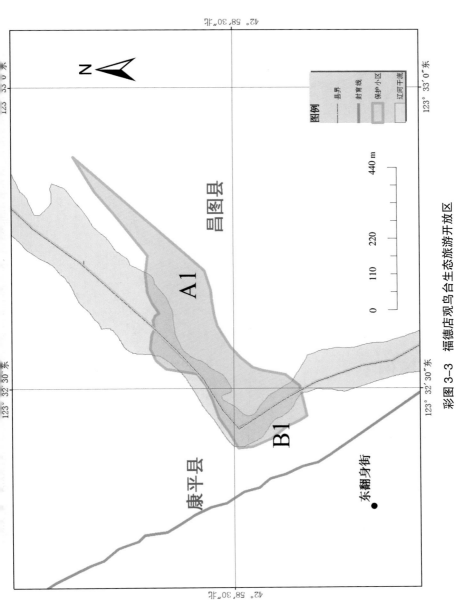

彩图 3-3　福德店观鸟台生态旅游开放区

Fig.3-3　Ecological tourism area with bird observatory in Fudedian

图例

县界
封育线
保护小区
辽河干流

0　110　220　440 m

康平县

东翻身街

昌图县

A1

B1

123° 32′ 30″东

123° 33′ 0″东

42° 58′ 30″北

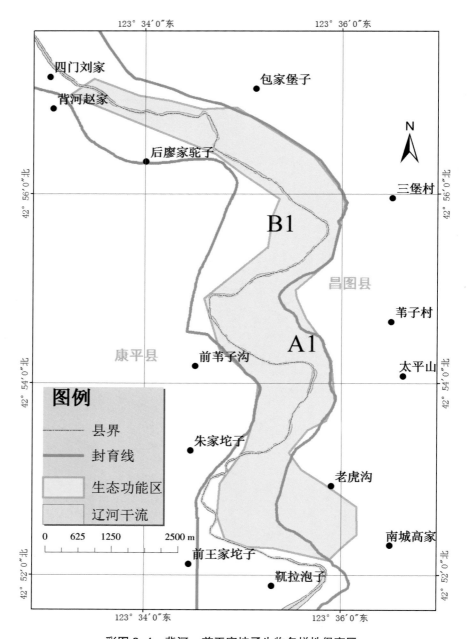

彩图 3-4　背河-前王家坨子生物多样性保育区

Fig.3-4　Biodiversity conservation areas in Beihe-Qianwangjiatuozi

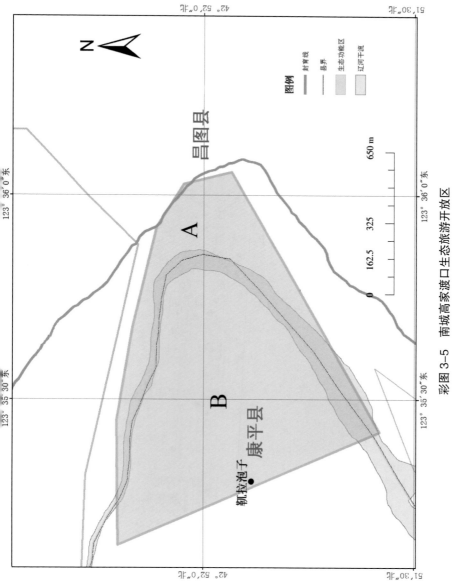

彩图 3-5　南城高家渡口生态旅游开放区

Fig.3-5　Ecological tourism area in Nanchenggaojia ferry

图例
封育线
县界
生态功能区
辽河干流

0　162.5　325　650 m

123° 36′ 0″东
123° 35′ 30″东
42° 52′ 0″北
51′30″北

昌图县
康平县
甄拉泡子
A
B
N

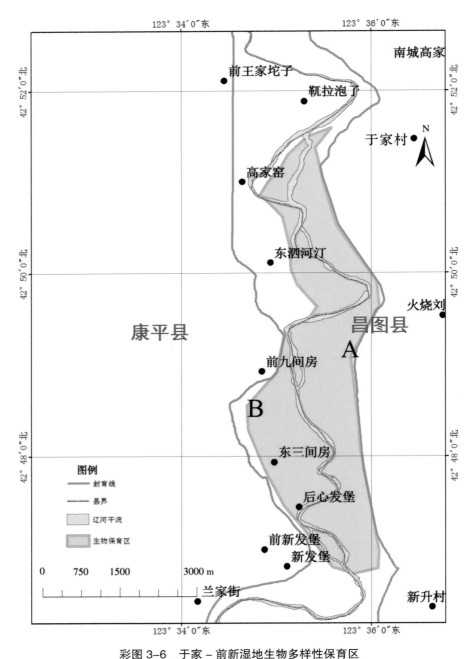

彩图 3-6　于家 - 前新湿地生物多样性保育区

Fig.3-6　Welt and biodiversity conservation areas in Yujia-Qianxin

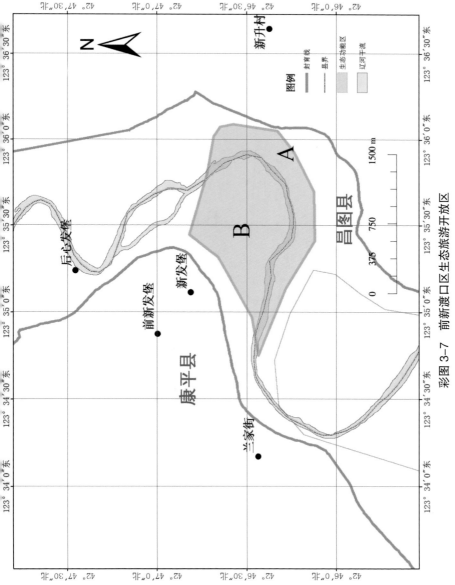

彩图3-7 前新渡口区生态旅游开放区

Fig.3-7 Ecological tourism area in Qianxin ferry

图例

封育线
县界
生态功能区
辽河干流

新开村

后心发堡

前新发堡

新发堡

兰家街

康平县

昌图县

A

B

0   375   750   1500 m

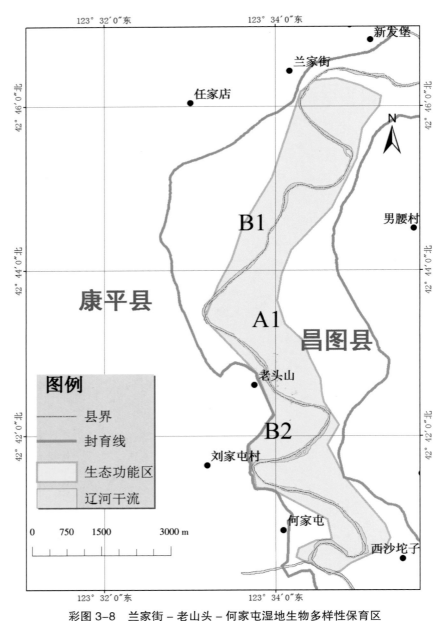

彩图 3-8　兰家街 – 老山头 – 何家屯湿地生物多样性保育区

Fig.3-8　Welt and biodiversity conservation areas in Lanjiaje–Laoshantou–Hejiatun

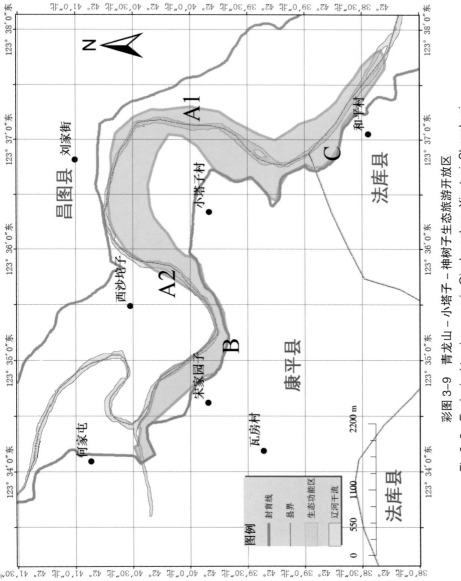

彩图 3-9　青龙山 – 小塔子 – 神树子生态旅游开放区

Fig.3-9　Ecological tourism area in Qinglongshan–Xiaotazi–Shenshuzi

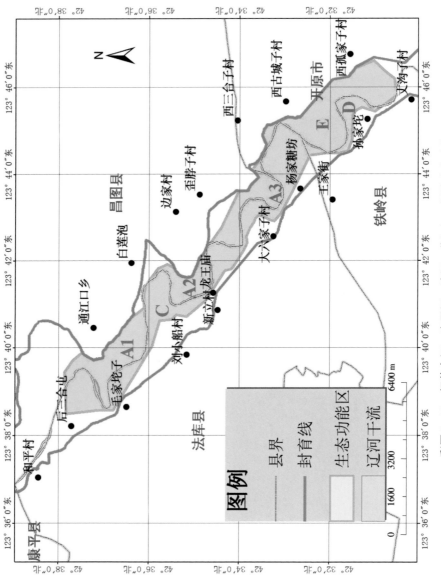

彩图 3-10 招苏台河 – 亮子河 – 清河 – 柴河口湿地生态功能区

Fig.3-10 Welt ecological regionalization in Zhaosutai river–Liangzi river–Qing river–Chai river estuary

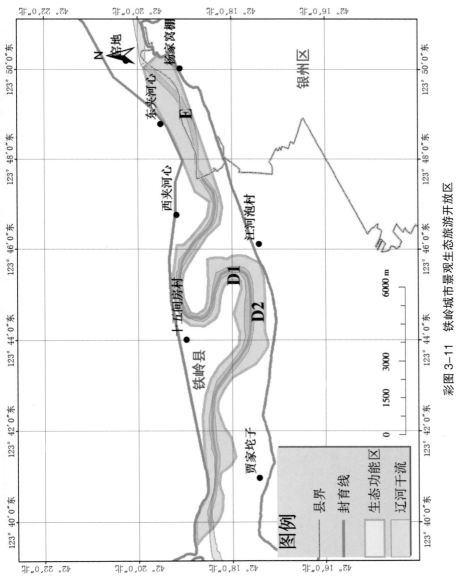

彩图 3-11 铁岭城市景观生态旅游开放区

Fig.3-11 Urban landscape and ecological tourism area in Tieling

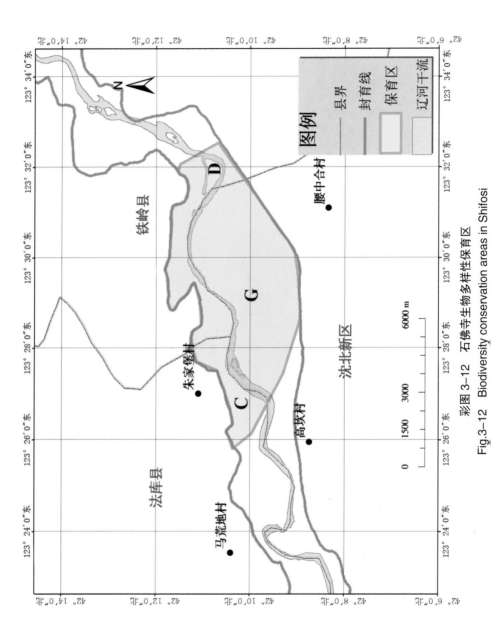

彩图 3-12　石佛寺生物多样性保育区

Fig.3-12　Biodiversity conservation areas in Shifosi

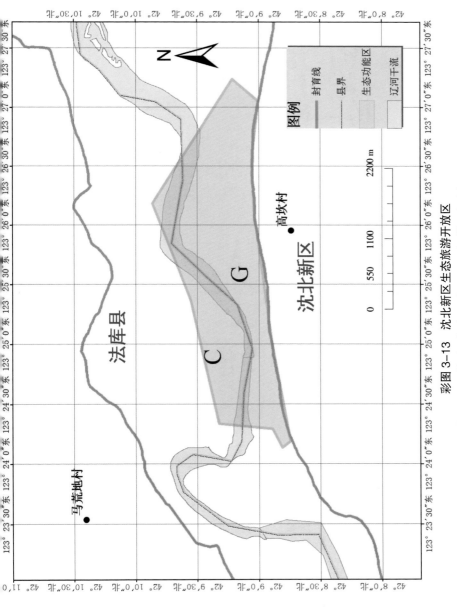

彩图 3-13　沈北新区生态旅游开放区

Fig.3-13　Ecological tourism area in Shenbeixinqu

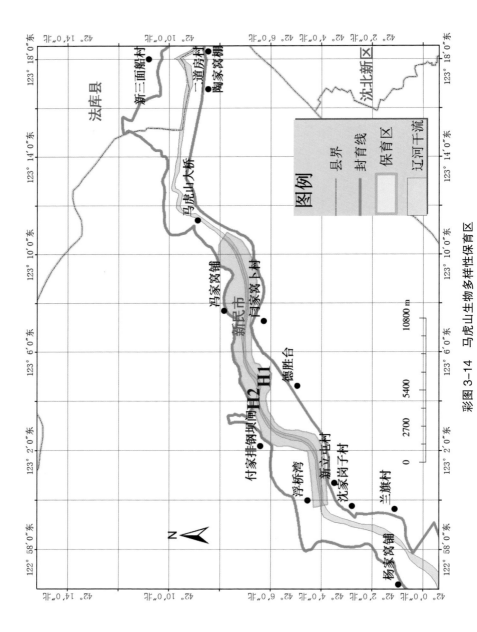

彩图 3-14　马虎山生物多样性保育区

Fig.3-14　Biodiversity conservation areas in Mahushan

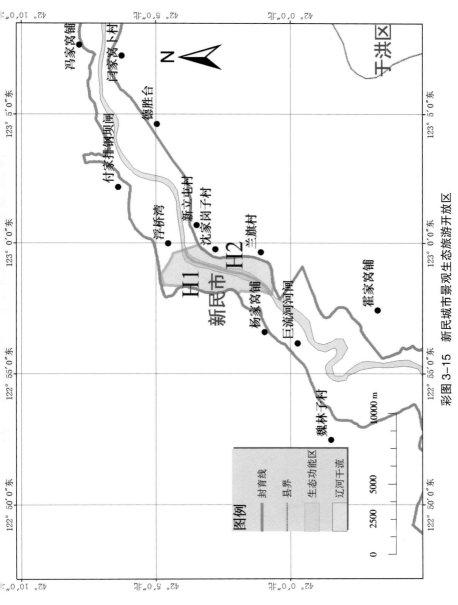

彩图 3-15　新民城市景观生态旅游开放区

Fig.3-15　Urban landscape and ecological tourism area in Xinmin

图例

封育线
县界
生态功能区
辽河干流

0　2500　5000　10000 m

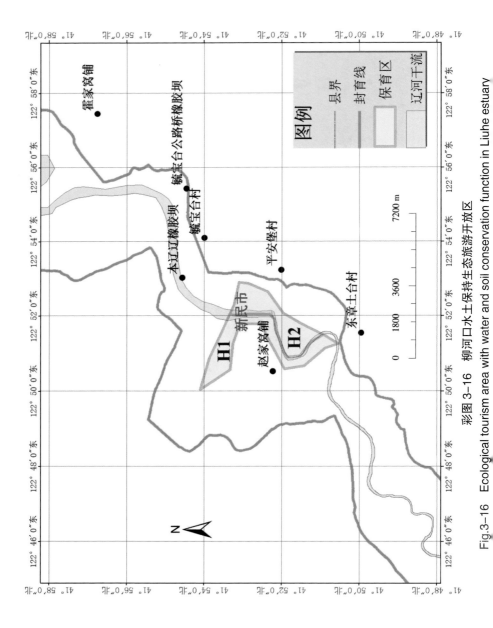

彩图 3-16　柳河口水土保持生态旅游开放区

Fig.3-16　Ecological tourism area with water and soil conservation function in Liuhe estuary

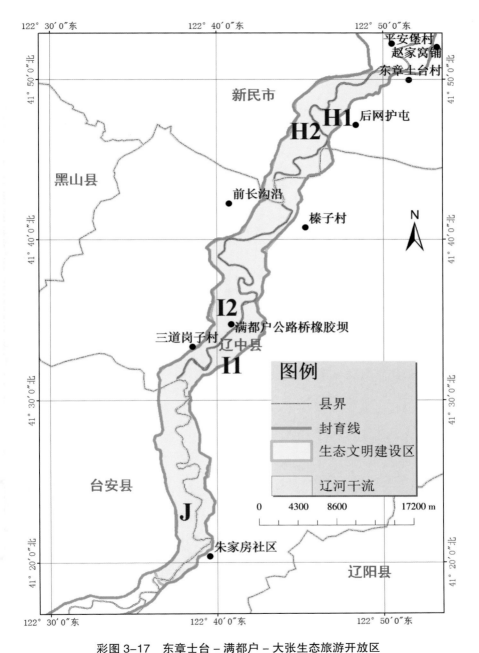

彩图 3-17 东章士台 - 满都户 - 大张生态旅游开放区

Fig.3-17 Ecological tourism area in Dongzhangshitai–Manduhu–Dazhang

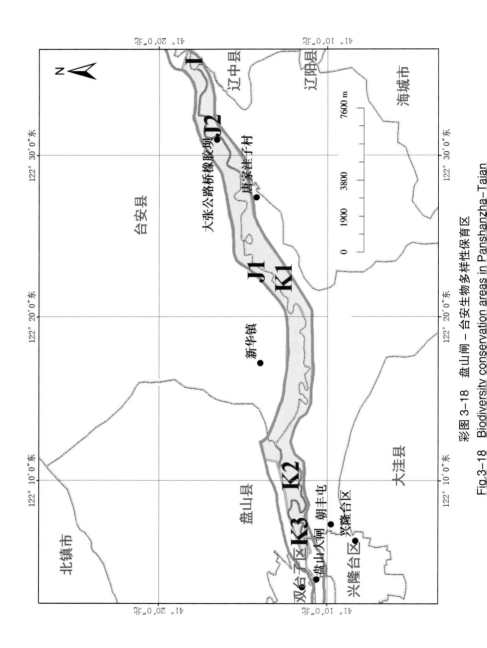

彩图3-18　盘山闸－台安生物多样性保育区

Fig.3-18　Biodiversity conservation areas in Panshanzha-Taian

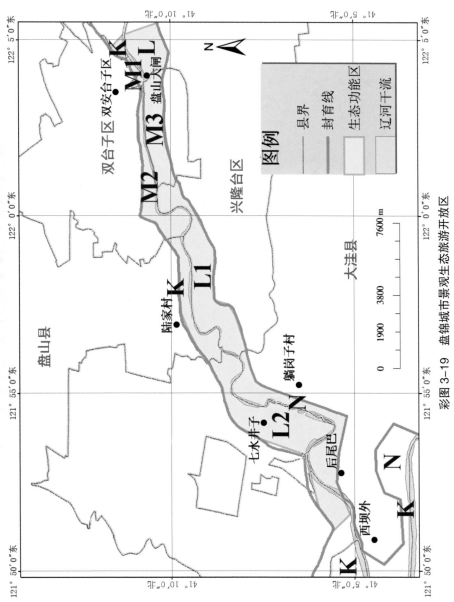

彩图 3-19　盘锦城市景观生态旅游开放区

Fig.3-19　Urban landscape and ecological tourism area in Panjin

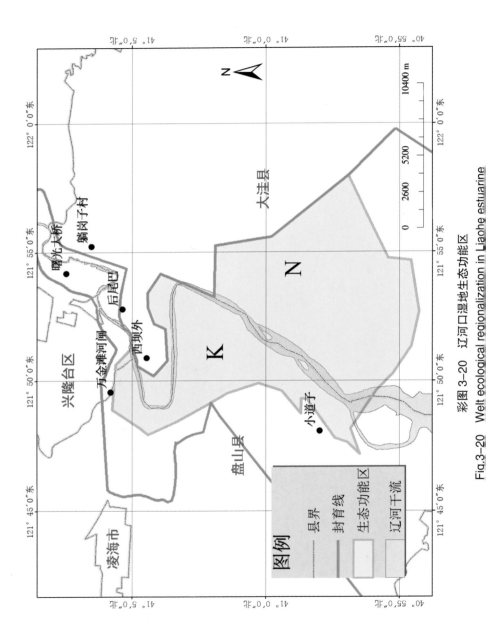

彩图 3-20　辽河口湿地生态功能区

Fig.3-20　Welt ecological regionalization in Liaohe estuarine